颠覆性农业科技

Revolutionary
Agricultural Science &
Technology

蒋建科 著

中国科学技术出版社
·北京·

图书在版编目（CIP）数据

颠覆性农业科技 / 蒋建科著 . —北京：中国科学技术出版社 , 2019.3

ISBN 978-7-5046-7910-9

Ⅰ.①颠… Ⅱ.①蒋… Ⅲ.①农业技术 Ⅳ.① S

中国版本图书馆 CIP 数据核字 (2018) 第 219775 号

策划编辑	乌日娜
责任编辑	乌日娜
封面设计	林海波
版式设计	中文天地
责任校对	焦　宁
责任印制	徐　飞

出　　版	中国科学技术出版社
发　　行	中国科学技术出版社发行部
地　　址	北京市海淀区中关村南大街 16 号
邮　　编	100081
发行电话	010-62173865
传　　真	010-62173081
网　　址	http://www.cspbooks.com.cn

开　　本	720mm×1000mm　1/16
字　　数	192 千字
印　　张	16.5
版　　次	2019 年 3 月第 1 版
印　　次	2019 年 3 月第 1 次印刷
印　　刷	北京盛通印刷股份有限公司
书　　号	ISBN 978-7-5046-7910-9 / S・740
定　　价	68.00 元

《颠覆性农业科技》一书出版了，这是蒋建科同志的又一部新著，也是他从记者转型为学者的标志性成果。

党的十八大以来，以习近平同志为核心的党中央把生态文明建设作为统筹推进"五位一体"总体布局和协调推进"四个全面"战略布局的重要内容，开展一系列根本性、开创性、长远性工作，提出一系列新理念新思想新战略，形成了习近平生态文明思想，为建设生态文明和美丽中国提供了根本遵循和行动指南。生态文明建设是关系中华民族永续发展的根本大计，也是关系国计民生的重大社会问题。

习近平总书记在党的十九大报告中提出，突出关键共性技术、前沿引领技术、现代工程技术、颠覆性技术创新。十九大报告还提出了乡村振兴战略。中共中央、国务院 2018 年出台了关于实施乡村振兴战略的意见并制定规划，农业和农村发展迎来了重大战略机遇期。

《颠覆性农业科技》一书集中反映了我国在农业领域的颠覆性技术创新，用大量案例具体阐释了建设生态文明的内涵，从技术层面展示了用农业科技建设生态文明的途径和方法，对提高农业科技自主创新水平，提高农业供给体系的整体质量和效率，推进形成农业绿色生产方式等均具有启示和借鉴作用。因此，新书出版恰逢其时，也是一本弥足珍贵的科普读物。

难能可贵的是，建科 30 年如一日，长期专注农业科技报道。为此，他跑遍了全国大部分农科院所和高等院校，深入教学和科研一线采访。例如西北农林科技大学，是 1999 年 9 月经国务院批准，由同处陕西杨凌的原西北农业大学、西北林学院、中国科学院水利部水土保持研究所、水利部西北水利科学研究所、陕西省农业科学院、陕西省林业科学院、陕西省中国科学院西北植物研究所等 7 所科教单位合并组建而成，是我国第一所由大学和科研院所合并组建的高等学校，打破了过去科教单位条块分割的状况，探索走出了一条科研资源和教育资源实质性优化配置的新路子。合并后的西北农林科技大学先后进入国家"211 工程""985 工程"和国家"双一流"大学建设行列，是目前我国学科门类最为齐备的农林大学。建科对该校进行深入采访，先后在人民日报头版等显要位置予以报道。本书还收录了西北农林科技大学的一批颠覆性农业科技成果，展示了该校在科技创新方面的强大实力，令人欣慰！

《颠覆性农业科技》一书所收录的案例，故事性强，可读性强，不仅具有新闻宣传价值、学术价值和科普价值，还具有较强的科学性和可推广性，集中反映了我国农业科技工作者的智慧和才华，对实施乡村振兴战略，以及对未来农业发展和青年人才培养等均有积极意义。

习近平总书记在 2018 年 8 月召开的全国宣传思想工作会议上指出，要不断增强脚力、眼力、脑力、笔力，努力打造一支政治过硬、本领高强、求实创新、能打胜仗的宣传思想工作队伍。《颠覆性农业科技》一书的写作正是一次增强脚力、眼力、脑力、笔力的生动实践。同时，新书也再次印证，新闻记者只有深入一线，才能写出更有影响力的新闻作品，才能在提高新闻舆论传播力、引导力、影响力、公信力方面做出积极贡献，才能更好地履行党和人民赋予的使命。

愿建科不忘初心，继续努力宣传和研究"三农"问题，成为名副其实的专家型记者和记者型专家，在新闻事业上取得更大成就！

陈宗兴

十一届全国政协副主席

西北农林科技大学首任校长

中国生态文明研究与促进会会长

《颠覆性农业科技》一书出版了，这是继《农业新闻学》《论农业本质》之后，蒋建科同志在农业科技领域的又一部专著。

建科是人民日报的科技记者，尤其擅长农业科技报道。值得肯定的是，他对中国农业科学院进行了长达 30 多年的"蹲点式"采访调研，先后在《人民日报》头版头条等显要位置报道了中国农业科学院的一大批科技成果和科学家事迹，为中国农业科学院和我国农业科技事业的发展鼓与呼，做出了突出贡献，赢得了广大农业科技工作者的充分认可和广泛好评。

建科在采访报道农业科技新闻的同时，不忘初心，发挥自己学习农业的优势，积极观察思考和研究农业问题，撰写深度调查报告，其中反映中国农业科学院科技进展和专家建议的报告就有 30 多篇获得中央领导同志批示和肯定，不仅为决策提供了科学依据，也有力推动了这些成果的转化和推广。建科在完成日常报道任务的同时，重点跟踪采访前沿性、颠覆性农业科技，经过 30 多年积累，终于形成这本专著。

《颠覆性农业科技》以新闻的视角和笔法，记录了这些颠覆性农业科技的诞生过程，以及研究思路、方法和效果等，把农业科学家的智慧用讲故事的形式向读者进行科普，既富有感染力，又不失科学和严谨，对普及农业科学知识、弘扬科学精神、传播科学方法，提高农业科技工作者的社会地位等，均有积极意义。

颠覆性农业科技颠覆的是人们对农业科技的传统认知，其本质和核心还是科技创新。颠覆性农业科技不仅具有一般农业科技成果的属性，还具有前瞻性和更高的科技含量、更大的推广价值和更广阔的应用前景。改革开放40年来，以中国农业科学院为代表的我国农业科技队伍，在党中央、国务院的正确领导下，在农业农村部、科技部等部门大力支持下，坚持自主创新，取得一大批颠覆性科技成果，其中一批达到世界领先水平，使我国农业科技成为距离世界水平最近的科技领域之一，为我国农业农村发展提供了强有力的科技支撑。《颠覆性农业科技》一书记载的这些科技成果，涉及农业生产、农民生活以及生态环境保护等方方面面，堪称一部当代农业科技的百科全书，也从一个侧面展示了我国农业科技工作者的创新能力和水平。

2017年5月26日，习近平总书记在致中国农业科学院建院60周年的贺信中指出："农业现代化关键在科技进步和创新。要立足我国国情，遵循农业科技规律，加快创新步伐，努力抢占世界农业科技竞争制高点，牢牢掌握我国农业科技发展主动权，为我国由农业大国走向农业强国提供坚实科技支撑。"

希望《颠覆性农业科技》这本书所展现的创新智慧，也能激励和启示广大青年农业科技工作者，继承和发扬老一代农业科技工作者的优良作风和传统，遵循农业科技规律，加快创新步伐，为推动我国农业科技整体跃升，为实现"两个一百年"奋斗目标、实现中华民族伟大复兴的中国梦作出新的更大的贡献。

愿《颠覆性农业科技》这本书为推动我国农业科技进步发挥更大作用！愿建科在农业科技报道领域取得更大成就！

农业农村部党组成员

中国农业科学院院长

中国工程院院士

　　"种地不用土","治虫不用药",马铃薯也能当主食,太空也能种庄稼……这些看似科幻的设想,如今在科学家手里已经变为现实。这就是颠覆性农业科技带给我们生活的新变化。

　　颠覆性农业科技颠覆的是人们的传统认知,而不是科学原理和科学常识,其核心是科技创新。当今世界,科学技术日新月异,今天的颠覆性技术很快就变成明天的实用技术,如果不鼓励颠覆性技术发展,我们很难跟上时代的脚步。

　　党的十九大提出实施乡村振兴战略。要坚持农业农村优先发展,按照产业兴旺、生态宜居、乡风文明、治理有效、生活富裕的总要求,建立健全城乡融合发展体制机制和政策体系,加快推进农业农村现代化。十九大报告还提出,加快建设创新型国家。突出关键共性技术、前沿引领技术、现代工程技术、颠覆性技术创新,为建设科技强国、质量强国、航天强国、网络强国、交通强国、数字中国、智慧社会提供有力支撑。

　　实施乡村振兴战略需要强大的科技支撑,既需要常规技术推广应用,更需要颠覆性技术创新。本书由笔者从事农业科技新闻报道30余年积累的案例中精选一批农业颠覆性技术而著,书中详尽介绍了这些颠覆性技术的科学原理、创新过程以及推广应用情况，展示了这些颠覆性技术对实施乡村振兴战略的现实意义和深远影响，具有较高的参考价值和作用。这些颠覆性技术有的马上可以应用，有的将在未来发挥作用，值得关注。

本书可供农业科技工作者、大学生、机关干部，以及所有关注三农的读者使用。

编 著 者

目 录
Contents

第三章
让植物长对地方

第四章
奇思妙想来创新

第五章
科技打造美丽乡村

第一章

农业的科学本质

农业作为一个古老而传统的产业，已经有 1 万年甚至更长的时间了。农业的产生标志着人类由采猎自然食物到自己生产食物，从适应自然到改造自然方面迈出了一大步。这个变化被称为"食物革命"，其实质是一种产业革命，是生产方式的转变。

作为农业生产的核心，绿色植物是为人间盗取天火的普罗米修斯，是第一级生产者，是农业生产的基础。如果把地球的历史比作一天，那么在凌晨 3 时 40 分诞生了植物，到了晚上 9 时 45 分出现了裸子植物，1 个小时后出现了有花植物。而人类出现在最后的 20 秒钟里。由此可见，在我们居住的这个星球上，人类只是一个新成员，而植物已经是老居民了。

经过上万年的发展，农业发生了几次重大的技术革命，已经进入转基因技术等高科技时代。然而，农业问题似乎并没有得到彻底解决，全世界尤其是发展中国家，农业生产水平普遍偏低，加上干旱、洪涝、病虫等自然灾害，粮食生产很不稳定，全世界每年还有不少人处于饥饿状态，农民生活水平亟待改善和提高。

问题究竟出在哪里？怎样才能解决这些问题？农业的出路在何方？笔者在长期的调查研究中认识到，任何事物都有其发展运行的规律，只有抓住了事物的规律，才能更好地认识事物，进而为解决问题提供帮助。所谓"万变不离其宗"。那么，农业的规律是什么？本章正是按照这个思路，从认识、揭示农业的本质入手，为寻找农业发展的基本规律提供一个途径。

1.1 农业生产方程式

拨开笼罩在农业问题上的层层迷雾，我们发现，农业的本质其实很简单，我们不妨把它用"农业生产的方程式"来表示：二氧化碳＋水＋光照＝碳水化合物＋氧气。碳水化合物是构成粮食、棉花、蔬菜、花卉等各种作物的基本成分，这些作物再经过牛、羊、猪等家畜家禽的二次转化，生产出肉、蛋、奶等动物性食物以及许多农副产品，供人们生活使用。从科学的层面来看，农业就是要通过绿色植物的光合作用，将太阳的光能及空气中的二氧化碳、水、矿物质等合成碳水化合物，最后形成粮食、蔬菜、棉花、木材、石油、煤炭、天然气以及肉、蛋、奶等，供人类享用。然后进入下一个循环过程。其核心是"碳"元素的大循环。

从农业生产的方程式中至少可以发现两个秘密。

首先，农业是整个社会的根本和源泉。我们可以设想一下，假如点一把火将所有城市烧掉，那么，过若干年后，又可以从广大农村中"生长"出新的城市；假如点一把火将所有农村烧掉，那么，过若干年后，城市也会自然消亡。缺少了粮食和能源，人类将无法生存。这恐怕就是农业与工业、农村与城市关系的一个最简单的比喻。

其次，工农业的"剪刀差"为什么没有把农业彻底剪垮？原因就是农业生产过程中的二氧化碳和光照是免费的，来自大自然的二氧化碳和光照取之不尽、用之不竭。假如像工业生产那样，也将二氧化碳和光照算作原料，计入成本，那么农业生产终将难以为继，陷入"剪不断，理还乱"的境地。因此，当我们研究农业问题的时候，千万不要忽视了"二氧化碳和光照是免费的"这个十分重要的因素和事实。

同时，我们还可以发现，"叶绿素"是地球上所有生命的"引擎"和"动脉"。从农业的科学原理不难看出，绿色植物的"叶绿素"是地球上所有生命的"引擎"，光合作用正是靠"叶绿素"完成的。"叶绿素"是世界上最棒的"绿色工厂"，它能在常温下完成极其复杂的化学反应，不需要占用大量的土地，不需要消耗大量的能源，不需要高大的厂房，既不产生噪声，也不排放污染物。如此好的工厂，到哪里去找？所以，走新型工业化道路，实施乡村振兴战略，应该借鉴、学习、模拟"叶绿素"的工作原理，让我们的工厂和工业生产像"叶绿素"那样既不产生噪声，也不排放污染物，这应该成为科学家们今后研究的一个重要方向。建议工程师要和农艺师们一起研究这个问题，打破学科和产业界限，用交叉学科的理念和方法去解决我们共同面临的难题，而不要像以前那样"老死不相往来"。

1.2 农业的基本功能

● 绿色植物是人类氧气的"发生器"

什么对人的生命最重要？在日常生活中，绝大部分人都会回答："水"或者"食物"。他们往往会忽视空气的重要。人一刻也离不开空气中的"氧气"，没有"水"或者"食物"，人还可以坚持一段时间，而没有了空气中的"氧气"，人当时就坚持不了。同样，我们还可以从农业生产的方程式中看出，绿色植物在给人类合成碳水化合物的同时，还向人类提供一刻也离不开的氧气。这个看似寻常的过程实在太重要了，这是农业的一个十分重要的功能。现在，人们的目光大都被温室气体和节能减排吸引走了，实际上，消耗能源转变为二氧化碳的过程同时也是一个大量消耗氧气的过程，其后果也十分可怕。如果任其发展下去，恐怕人类要在地球上因为缺氧而窒息了。因此，从这个意义上说，绿色植物是人类氧气的"发生器"，就显得更加重要了。

● 转化二氧化碳等气体，消除"温室效应"

从农业生产的方程式中还可以看出，转化二氧化碳气体、消除

"温室效应"是农业的另一大功效。二氧化碳对人类来说是温室气体，是有害的。但对农业生产来说，它又是有利的，它是农业生产的"免费"原料。这就是农业生产的辩证法。

关于如何消除二氧化碳气体，有许多说法。但笔者认为，让植物去转化它是最佳选择。事实上，随着经济的发展，二氧化碳的排放总量可能还要增加，减排的空间很有限，除非让人类停止发展。"堵"不如"导"，正确的方法应该是把它转变为有用的原料，参与再循环。问题并不复杂，我们从"农业生产的方程式"中就可以看出，通过绿色植物的光合作用，二氧化碳不仅能被转化为有机物质，还能释放人类需要的氧气，真是两全其美！

类似这样解决二氧化碳的方法还有许多，他们都有可取之处。但是，只要人们回顾一下农业生产的方程式：二氧化碳＋水＝碳水化合物＋氧气，就不难发现，其实农业生产过程是解决二氧化碳问题的最好方法。在这里，二氧化碳成为光合作用必需的原料，通过农业生产，可以将二氧化碳转变为粮食和肉、蛋、奶，还释放人类一刻也离不了的氧气。因此，农业生产可以将二氧化碳变废为宝，自然就成为转化二氧化碳等气体的一种有效方式。

调节地球温度

地球表面的庄稼像头发一样保护着地球：一是遮挡阳光，二是吸收阳光，三是蒸腾，以此来调节地球温度，保护人类。

调节地球湿度

当遇到大暴雨时，植物的根系可以拦截地表径流、保存水分；而当土壤干旱时，植物可以通过遮挡阳光、关闭叶片气孔、抑制蒸腾等方式阻止土壤水分的流失，达到调节地球湿度的目的。

为人类提供食物和能源

这是农业最根本的功能。在目前还不能人工合成食物之前，提供食物是农业最重要的功能，也是目前最受重视、研究最深入的领域。我们对农业提供能源这部分的重视还不够，但未来发展空间很大，需要科学界和产业界不断努力。

保护地球生态环境

植物不仅可以调节地球的温湿度等，还为地球上的所有动物提供赖以生存的食物，对保护地球生态环境有决定性的作用。这里需要强调的是，植物还可以调节空气中各种气体的比例，为人类生存和繁衍提供基本的条件。试想，工业革命近300年来，人类已经把多少本来在地下的煤、石油、天然气等燃烧变成二氧化碳释放到大气中，这个过程又消耗了多少氧气？我们现在所处的地球氧气浓度跟以前地球的有多少差别？它对人类各种疾病的发生以及自然灾害的发生有多大影响？农业生产则正好把这些不利的因素消除，它极力地吸收二氧化碳，拼命地释放氧气，保持空气中各种气体的比例。从这个意义上说，农业生产真是人类生存发展的"守护神"。

1.3 制约农业发展的主要矛盾

现阶段的农业到底存在哪些问题？从宏观上观察，会发现如下主要矛盾和问题。

传统的农业观念制约着农业的进一步发展

农业是什么？农业能干什么？如果你对身边的人做一个微型调查，会发现，绝大部分人对农业的理解和认识竟如此之少！这也难怪。这正是因为传统的农业观念在作怪！传统的农业观念挡住了人们的视线，制约着人们对农业本质的深刻认识和理解，当然也直接影响农业的进一步发展。让我们从以下几个方面初步分析一下。

（1）重视粮食生产，相对忽视秸秆利用

重视粮食生产是人类的一个永恒话题，是颠扑不破的真理，任何时候我们都要把粮食生产放在第一位，这是毫无疑问的。这里所要说的是一个不应该被忽视的问题，即秸秆综合利用问题。因为它是与粮食一起被生产出来的，他们是真正的"双胞胎"，手心手背都是肉。但是，很可惜！在实际生产中，出现了"厚此薄彼"的现象，"厚此"（重视粮食）没有错！但"薄彼"（忽视秸秆综合利用）却是一个误

区，不仅造成了巨大的资源浪费，也形成了巨大的污染。粮食和秸秆都是农民辛辛苦苦耕种出来的，他们主要的组成物质结构都差不多，但秸秆大都被浪费了，实在太可惜了。

（2）重视种养业，相对忽视其他农业产业

这种现象在现实中似乎很普遍，也很正常，以至于有的农民干脆就认为："农业＝种养业"。实际上，由于认识上的偏差，导致许多地方政府的农业政策和追求目标也大多是关于种养业的，这个观念已经根深蒂固了。应该说在计划经济年代，在粮食短缺年代，在农业还不是很发达的阶段，这个做法是完全正确的。但是，农业发展进入新阶段后，这个观念需要加以更新，因为它限制了农业功能的发挥，"一叶障目，不见森林"。一方面，市场和社会发展对农业有了更多的需求和要求；另一方面，我们对农业生产仍然延续的旧观念和指导思想，急需改变和创新。另外，从政府部门以及科研单位、大学的机构设置、课题申请、专业设置等方面都能看出这个问题；许多新的科研课题和新的产业不能很好地得到支持，一些新的专业不能及时得到批准。这是一个十分重大的课题，需要我们花大力气去研究和解决。

（3）重视良田，相对忽视荒坡地和旱地

重视良田没有错，忽视荒坡地和旱地却是一个失误。不能否认，良田也就是灌溉田在农业发展史上为人类作出了不可磨灭的巨大贡献。如今，面对日益增长的人口和不断减少的资源，农业生产面临着许多困难和问题。按照农业本质论的观点，只要能充分接受太阳光照、进行光合作用，就都是农业生产应该关注的。那么，荒坡地和旱地也应该同良田一样成为农业生产场所，尽管荒坡地和旱地不如良田的生产条件好，但也可以通过培育耐旱品种以及各种旱作技术来进行

合理的生产开发。这也应该成为现代农业今后努力的一个方向。

（4）重视平原，相对忽视山区

这个问题容易理解。山区怎么搞农业？正如前面所说的，最大面积地接受太阳光照是农业生产的前提条件。如此看来，面积占到国土面积70%的山区当然是农业生产的好战场，问题是交通、信息等许多因素限制了山区农业的发展。怎么解决这个问题？笔者认为，山区农业的主要形式应该是以昆虫食品为主的生产方式。我们许多农业大学都有用于实验用的"养虫室"，饲养昆虫的技术已经成熟，收集昆虫的技术也已经成熟，完全可以控制昆虫的行为，在合理范围内取食植物，不让它对环境造成破坏，更不让它成灾。否则，每年有多少植物光合作用的产物被白白浪费！这些被自然腐烂的产品同农产品一样，基本成分都是碳水化合物。它生产的都是高蛋白有机食品，可以替代一部分畜禽产品，改善居民的膳食结构，减轻环境压力。

（5）重视产前、产中，相对忽视产后和加工

从生产实践中不难发现，人们高度重视农业的产前、产中，从购买良种、农药、化肥、种子等，到灌溉、施肥、病虫害防治等田间管理，可以用"无微不至"来形容。一旦粮食归仓，似乎就万事大吉，产后的贮藏和加工未受到应有的重视。追求农产品的数量，而忽视质量，这恐怕是在粮食短缺年代形成的习惯吧。描述农业生产的成绩都用产量等数字，而很少用描述质量的具体指标。建议应该用有效成分含量、农药残留量等数字表述农产品的质量。随着人民生活质量的改善，人们更加注意食品的营养和质量，相信这个问题在今后能得到解决。

（6）重视生产，相对忽视贮藏保鲜以及消费环节的节约

这从厨余垃圾和餐厅泔水桶就可以看到，这个环节的食物损失值得关注和深入研究。

（7）重视眼前，相对忽视长远

我国实施农村土地承包到户政策后，极大地调动了农民的生产积极性，但在一些地方也出现了重用地、轻养地的错误做法。加上一些基层干部急于出政绩，形成了"重视眼前，忽视长远"的农业生产现象。

（8）重视投入，相对忽视回收

重视农业投入是大家有目共睹的，效果也是十分显著的。但对农业产品消费形成的粪便等废弃物的回收利用做得很不够。在城市，运输大粪的汽车经常在大街上来回奔波，既影响了市容，还散发出难闻的气味。在广大乡村，随地大小便的现象还没有彻底消失。其实，粪便是农业生产急需的优质肥料，但目前却被简单处理，造成浪费和污染。已经成熟的粪便无害化处理技术可以解决这些问题，只等政府大力推广了。

（9）重视农业基本功能，忽视农业的文化和旅游等其他功能

近年来，随着休闲农业的发展，农业的多功能开发逐步兴起。但大部分农村还停留在生产上，农业的文化和旅游等功能有待挖掘。

农作物光合效率不高

据有关资料表明，目前人类对照射到地球上的光能的利用率仅仅1%多一点，而到达地球的大量太阳光能未能被充分利用。就农业生

产系统内部来看，也存在着重视叶片光合作用，而忽视其他光合器官的光合作用的现象。

例如，"叶片光合作用对农作物产量的贡献率在90%以上"是写进农业高等院校教科书的权威定论，这一经典理论被称为"第一次绿色革命"。在这一理论指导下，"用大肥大水促进叶片的生长"成为追求高产的基本思路。中国农业大学王志敏、王璞等教授带领的课题组对麦田研究发现，在高温条件下，小麦等作物的穗（芒、颖片、籽粒果皮）、穗下节间和叶鞘等非叶片光合绿色器官，不仅具有良好的受光空间，能弥补叶片光合作用的不足，而且有耐旱、耐热、抗逆性强的作用。为此，他们采取通过高密度栽培、拔节前控水和选择叶片较小的品种，创造大群体、小叶型、群体中叶片以外绿色器官比例高的株群结构，突出发挥叶片以外绿色器官的光合作用，使群体高光效和水肥低消耗得到有机统一。

实践证明，非叶片光合器官对农作物产量的贡献率可达70%以上，从而打破了多年来科学界一直未能走出单纯在农作物叶片上"钻迷宫"的怪圈。该技术在河北省吴桥县累计示范推广16.8万亩，节省灌溉水840万~1680万立方米，获直接经济效益2560.3万元。其技术成果总体居同类研究的国际先进水平。这一技术体系适合于黄淮海地区推广应用，可以使现行高产田产量和水肥利用效率同步提高20%以上，走出了一条在缺水等资源限制条件下大幅度提高粮食产量的新途径。

农业生产未能因地制宜

农业生产不能因地制宜恐怕是目前我国农业生产中最普遍的一个大问题。我国幅员辽阔，气候类型多样，土壤构造也是千差万别，每个地方究竟最适合种植什么作物是具有现实意义的课题。如果你是一位地方官员，那么你是否知道你所在地的种植业结构以及养殖业结构是否合理？效益是否最佳？谁能给出一个准确答案呢？

农业生产和管理分散、脱节现象比较普遍

我国农业产前的生产资料主要由供销社等提供，产中主要由农业部门完成，而产后的贮藏、加工、流通、贸易等则由多个部门分管，出现了"铁路警察，各管一段"的现象。这种状况在新中国成立初期开始的计划经济年代，对我国粮食生产和农业发展起到了重要的作用，其历史贡献不可磨灭。如今，在以市场为导向，发展现代农业的大背景下，这种管理分散的状况已经不适应农业发展的需要。

农民素质不适应现代农业的要求

现代农业需要大批掌握现代农业科技知识的农民，然而，实际情况是大批农民进城务工，尤其是具有一定文化知识的青年农民，绝大部分都进入城市务工。在许多地方，农村留守人员被称为"38（妇女）61（儿童）99（老人）"部队，学习掌握现代农业科技知识的能力较差，这是摆在许多农村面前的严峻问题。

从社会层面上观察，会发现如下主要矛盾和问题：

一是农产品安全程度急需进一步提高。

二是农民生活质量有待提高。农民是农产品的直接生产者，乡村空气清新，本该是一个生活的好环境。但由于缺乏基本的营养知识和保健常识等，许多地方的饮食习惯和健康理念还比较落后，因此导致一些地方病不能根除。加上农民进城数量增加，以及农民消费水平迅速提高，一些城市病也迅速向农村蔓延，限制了农民生活质量的提高。

三是农业生产中的资源浪费比较普遍。由于科技推广不到位，以及农户过于分散等原因，农业新技术，尤其是公益性强的技术，如节水、配方施肥等技术推广速度更慢，导致大水漫灌、过度施肥、过度喷施农药等问题严重，农业生产资源浪费比较普遍。

四是农村生活垃圾污染已经成为一个十分突出的问题。随着农民收入增加和生活水平的迅速提高，农村的生活垃圾也越来越多，成分也越来越复杂。但许多农村因为还没有垃圾处理系统，垃圾造成的污染在加剧。

从可持续发展的角度观察，可以发现这些主要矛盾和问题：

一是农业生产必须应对全球气候变暖的挑战。从我国第一大粮食作物水稻上可以看出全球气候变暖对它的影响。著名的国际水稻研究所（IRRI）正在培育新的抗旱耐涝水稻新品种以防御全球变暖对亚洲粮食的威胁，重点研究气温的持续升高、高浓度温室气体以及极度旱涝对水稻产量的影响。包括：揭示水稻植株如何对大气中持续升高的二氧化碳浓度及其他温室气体做出反应，以及稻米生产如何增加使全球变暖的气体的排放。国际水稻研究所发布的2004年研究报告显示，日平均气温每升高1℃，水稻产量就会下降15%，这归咎于全球变暖所导致的夜间温度升高。

二是农业生产必须应对新的病虫害的挑战。应该说，人类在同病虫害的斗争中取得了巨大成功，但绝不可以说取得了决定性胜利。因为我们不敢忘记，昆虫在这个地球上生存已经有3亿~4亿年的历史，人类只是一个新居民，"球龄"远比昆虫短。因此，我们必须做好长期应对新的病虫害挑战的准备。

三是农业生产必须应对环境污染加剧的挑战。

四是农业生产必须应对全球缺水的挑战。

五是农业生产必须应对石油枯竭的挑战。

1.4 解决农业问题的路径

从农业本质的论述中不难发现，解决农业发展的根本问题是解放思想，更新观念，从传统农业的认识中跳出来，重新评价和定位农业的地位和作用，才能进一步推动农业可持续发展。在解决步骤上，可从当前和长远两个方面着手。以下主要就当前农业要解决的问题做简单论述。

首先，要放眼国土面积，最大限度利用太阳光照射。例如，大力发展庭院农业（经济）。我国村庄虽然占地面积不大，但却聚集了农村1/3 的能流和物流，具有发展经济的绝对优势。如果能把房前屋后，包括房顶的面积都能利用起来发展庭院经济，是一个现实且可操作的办法。各地政府应该设立相应机构，引导农民从事庭院经济开发。

其次，科学研究迎来大的机遇和挑战，应该做重大调整。一是要攻克光合作用的机制。光合作用是世界上最环保的生产方式，其中叶绿素是最节能、最高效、最简洁的"绿色工厂"。光合作用的机制一旦攻克，人类的生产和生活方式将发生革命性变化。二是育种要将"油"含量作为目标之一。在重视粮食的基础上，将作物"油"（生物柴油）含量作为科学研究追求的重要目标之一。让农民一手种粮、一手种"油"。种粮保营养、保健康，种"油"保增收、保发展，实现"粮""油"双丰收，农民生活水平将迅速提高。三是要加强非豆科固氮利用的研究。

1.5 未来农业的发展趋势

● 人类社会将迎来第二次农业文明

　　农业的基础地位在不同的社会发展阶段有不同的表现形式。在农业社会里，农业是主导产业。在工业社会里，农业不仅要承担为工业提供原料的任务，还要为工业品提供市场需求。当然，工业也会以某种形式来补贴农业。笔者认为，人类社会的发展也要经历一个农业社会→工业社会→更高一级的农业社会→更高一级的工业社会，循环往复，经过若干次农业文明和若干次工业文明之后，当农业文明和工业文明达到同步发展、齐头并进的水平时，说明我们的社会发展形态达到最高水平。也就是说，人类在经历农业文明和工业文明之后，开始进入第二个层次的农业文明和工业文明。第二次农业文明是在第一次农业文明和工业文明的基础上进行的，尤其是第一次工业文明，为第二次农业文明奠定了坚实的基础。这里需要强调的是，第二次农业文明和工业文明绝不是第一次农业文明和工业文明的简单重复或者倒退，而是充分吸收前者的营养并对其继承和发扬，再创造下一个文明的过程。21世纪，人类将迎来第二次农业文明，哪个民族在第二次农业文明中抢得先机，那个民族就会在竞争和发展中取得领先地位，这也为第三世界国家跨越式发展带来新的机遇。

如今，当人类面临温室气体导致的全球气候变暖、能源短缺、水资源危机等诸多问题时，农业的基础地位也应该以一种新的方式体现，承担起解决这些人类共同面临的重大现实问题。也只有承担起这些人类面临的诸多问题，农业才会获得新的发展机遇。这就是农业发展的客观规律。

农业如何承担上述这些任务呢？我们从农业的本质和农业生产的方程式中就可以找到答案，即固定温室气体、生产生物质能源、净化水资源等。也就是说，要发挥农业的多功能性——全能农业（全面农业）。就像一个十项全能竞赛一样，每个运动员都有 10 个强项，但你只让他参加其中一项比赛，然后你说他水平低，他肯定不服气。也有文章说，农业是"弱质"产业，似乎不大全面。只要充分发挥农业的全能性，农业"弱质"现象就会得到彻底改观，农业发展必将迎来第二次文明的跨越。

第二次农业文明是中华民族实现伟大复兴的重大历史机遇

第二次农业文明为中华民族实现伟大复兴带来重大历史机遇。为什么这么说呢？综观人类发展史，可以发现，每个民族都有自己的个性或者说特长。中华民族曾经创造了辉煌的农业文明，为人类社会发展作出了重大贡献。但是在工业革命过程中，我们暂时落后了。这也可以认为，中华民族擅长农业文明，犹如我们擅长的乒乓球一样，经久不衰，不论规则如何改动，我们始终处于领先地位。而足球却恰恰相反。如果将乒乓球比作农业文明，将足球比作工业文明，则正好反映了我们目前所处的境地。

因此，当人类社会进入第二次农业文明阶段时，中华民族迎来了施展才能和特长的机会。我们也应该珍惜这个千载难逢的重大历史机遇，紧紧抓住这个机遇和突破口，在新一轮农业文明的革命过程中摆脱落后的被动局面，率先进入领先位置。当然，这样描述中华民族在农业文明中的才能和特长，并不是要否定我们民族在工业方面的成就和能力，而是说应该实现跨越式发展，在第二次农业文明和第二次工业文明过程中都要领先。我国古代的四大发明就已经证明了中华民族的创新能力，我们在工业文明中同样很有创造力，我们应该充满信心。

农业发展的第四个阶段

有学者将农业发展分为 4 个阶段，即原始农业，传统农业，现代农业，后现代农业。笔者认为，应该将后现代农业改为全能农业（全面农业）。也就是说，在现代农业之后，人们将迎来一个全能农业（全面农业）的崭新时代。

如前所述，农业的基础地位在不同的社会发展阶段有不同的表现形式，现在，该是农业发挥其全面功能的时候了！

所谓全能农业，就是一种以发挥农业所有本质功能的一种农业形式。其区别于传统农业概念的根本是，全能农业不再满足于为人类提供食物、衣物等生活物资，而是要着手清除工业化发展给地球带来的各种污染，吸收转化温室气体，生产绿色的、可持续的生物质能源等，为人类的可持续发展提供全面支撑，以此来体现农业的基础地位。农业从此将迎来一场新的革命，农业文明将重新焕发出新的活力，继续为人类的生存和发展作出更大的贡献。

（1）全能农业按地域分类

①山区农业　顾名思义，就是在山区进行的农业生产活动。我国

山区面积占国土面积高达70%，按照全能农业的概念，首先要以最大面积接受光照为目标，由此山区的农业生产地位一下子显现出来。我们可以把山区看成是皱褶的平原，如果完全展开后面积会更大。山区农业与平原农业的生产方式和生产目标有着根本的区别，因此既要保护好山区的生态环境，又要合理用于生产，这是一个很大的课题需要深入细致的研究。

②滩涂农业　利用滩涂开展的农业生产活动。我国滩涂面积大，生产潜力很大。提起盐碱地，别说长庄稼，就是人喝了这里的水也容易拉肚子。盐碱地真的就没治了吗？中国水产科学研究院的科学家经过10多年的科技攻关，解决了一系列技术难题，硬是在白茫茫的盐碱地上挖鱼塘，用盐碱水养鱼虾获得成功。

据介绍，东海水产研究所的科技人员经过10多年的潜心研究，对我国内陆盐碱地的水型进行了系统分析，研究和掌握了盐碱地的水化学组成特点及其变化规律对水产养殖的影响，在此基础上首次在我国内陆盐碱地养殖对虾取得成功，并获得农业部科技进步奖。如今盐碱地水产养殖已成为黄骅市的一大支柱产业。

随着盐碱地水产养殖技术的不断推广，可带动落后地区的经济发展，为增加农民收入，开拓了一条致富之路。专家指出，开发咸水水域和低洼盐碱地，除增加水产品的产量外，更重要的是有利于充分利用国土资源。

③盐湖农业　我国是多盐湖国家，有一半以上的湖泊为盐湖和咸水湖，13个省、自治区有盐湖和地下卤水湖分布。在这些湖区居住有2亿多人口。同时，我国有1.3万千米长的海岸线，还发展了大量人工盐湖——盐田。

新中国成立后，我国将盐湖调查作为重点项目列入全国科学规划中，已查明察尔汗陆相钾盐矿床、吉兰泰石盐矿床和扎布耶锂、钾、铯综合性矿床等一大批盐类矿产资源。沿海盐田开发也取得长足进步。

盐湖不仅是一种矿产资源，而且也是主要的生物资源和旅游资源。盐藻、卤虫、螺旋藻等的研究和开发，以及嗜盐菌紫膜功能的发现，标志着在人类长期经营淡水－海洋生物与低盐耕地之后，一个崭新的盐水域和盐沼开发领域已经出现。科学家提出了"盐湖农业"，认为它是人类索取蛋白质、食物色素和脂肪等食物和多种工业、科学材料的新领域，是崭露曙光的新产业。大力研究和发展盐湖农业，变盐湖荒滩为"耕地"，对弥补因世界人口膨胀和农业生产不足导致的食品短缺有重要意义。

④海洋农业 包括两个方面：一是以海上牧场为代表的水产养殖业，二是以接受海上光照为目标的农业。其生产成本比较高，但也是一种农业生产方式，是未来农业的一个方向，犹如海上钻井平台一样，终会开采出宝藏。

⑤城市农业 城市农业以接受光照，迅速吸收、转化城市废气为目标的农业。应该在目前城市绿化的基础上，专门培育和栽培能高效率吸收二氧化碳等废气，并能及时转化为生物柴油等能源的植物和小草品种。其一，城市是集中消耗能源的地方，废气浓度特别高，大量废气应该及时得到转化。同时，为城市居民提供大量氧气。否则，不知每年有多少城市居民是因为氧气缺乏而生病的，社会意义十分巨大。其二，城市绿化耗费了大量人力、物力和水资源，应该让它发挥更大的效益，如果能够转化为可再生的能源，意义更大。让能源的核心"碳"元素以最快的速度还原成新的能源，可大大节省其循环成本。

⑥草地农业 目前我国的草地生产方式单一，且容易造成沙漠化。草地农业就是要在保护和恢复草地生态的前提下，寻求更科学的生产方式。我国草地面积是耕地的3倍，因此草地农业的前景十分广阔。

⑦沙漠戈壁农业 沙漠戈壁地区光热资源非常丰富，关键是解决水

的利用以及培育高耐旱型作物品种，绝不能让这些光热资源白白浪费。

⑧太空农业　有两个含义，一是在太空进行育种，二是在太空进行的农业生产。随着太空技术的不断发展，一些特殊需要的农业将可以在太空进行，因为太空的环境与地面不一样，可以获得在地球上无法获得的农产品。同时，也为太空旅行提供食物支撑。

⑨庭院农业　庭院农业是实现农民一手种粮、一手种"油"（生物柴油）的好战场，房前屋后（顶）都种上油料作物，既绿化美化居住环境，又吸收、减少了大气中的二氧化碳，还增加了收入，应该是农民朋友十分乐意干的好事情，发展前景广阔。

⑩人防农业　我国有许多人防工程，利用这些人防工程可以发展一些适宜在黑暗状态下生长的作物和蔬菜，既充分利用这些城市资源，创造了许多就业岗位，又就近为城市居民提供新奇而安全的绿色食品，同样也有较大的发展空间。

（2）全能农业按功能分类

①旅游观光农业（都市农业）　北京市农业技术推广站自 2011 年开始探索试行北京农田观光季。在不破坏农田乡野面貌、投入不多的情况下，改善和提升了农田的景观，把普通农田装扮得像花园一样美丽迷人，吸引大量游客前来观光，让农业这个传统产业焕发出新的活力，每年实现旅游收入 1.5 亿多元，成为新的经济增长点，也成为农业转型升级的成功样本。

②白色农业　中国农业科学院生物防治研究所原所长包建中研究员认为，所谓"白色农业"就是以蛋白质工程、细胞工程和酶工程为基础，以基因工程全面综合应用而组建的工程农业。由于这项新型农业生产是在高度洁净的工厂化的室内环境中进行的，人们穿戴白色工作服从事生产，所以形象地称之为"白色农业"。它分为微生物工程

农业和细胞工程农业。

"白色农业"的核心是利用微生物发酵生产单细胞蛋白质饲料等产品，以缓解粮食生产的紧张局面。

③昆虫农业　昆虫农业的含义也十分广泛，除了昆虫食品等外，还包括昆虫授粉等诸多内容。

例如，蜜蜂除了向人们提供蜂蜜、蜂王浆、蜂毒、蜂蜡外，更主要的是为各种农作物授粉起增产作用。人类食物的 1/3 直接或间接地依靠昆虫授粉，而这 1/3 之中的 80% 是由蜜蜂完成授粉任务。蜜蜂是各种作物的最理想授粉昆虫，被誉为"农业之翼"。

蜜蜂在众多的授粉昆虫中能成为最理想和最重要的授粉昆虫，是因为蜜蜂形态构造上的特殊性。蜜蜂的舌管（吻）较长，同时具有灵巧的花粉刷、花粉枇、花粉耙和花粉篮，能适应多种作物花朵的采集，又不伤害花朵。蜜蜂周身长有绒毛，有的还呈分叉羽毛状，便于黏附花粉。一只蜜蜂全身携带花粉可达 500 万粒，每天采集成千上万朵花，其授粉效率可想而知。蜜蜂采花具有专一性，它每次出巢只采集同种植物的花蜜和花粉。蜜蜂是一种群居昆虫，一群蜂有 5 万 ~10 万只之多，可以大量饲养和繁殖，这样对大面积开花的农作物、果树，人们可有计划地利用蜜蜂授粉，达到大面积增产的目的。

饲养蜜蜂为农作物授粉已成为许多国家一项不可忽视的农业增产措施。据报道，美国有 100 多万群蜂被农场、果园租用给 90 多种作物和果树授粉，每次每群的租金为 5~7 美元；保加利亚、罗马尼亚经蜜蜂授粉的果树一般增产 40%~50%，向日葵增产 20%~25%，油菜籽增产 30%，因而该国规定授粉蜂群免收运费，并付给报酬。

多年来，我国科技人员也进行了大量的蜜蜂授粉增产效果科学研究，结果是：油菜有蜜蜂授粉比无蜜蜂授粉增产油菜籽 20%~26%，四川盆地、浙江一带由于交通便利和有关部门重视，每年都有大量蜂群采集油菜花，使油菜籽年年获得丰收。从 20 世纪 80 年代起，我国温室栽培业也逐渐兴旺起来。温室内缺乏授粉昆虫，更需要蜜蜂帮助授粉。科研人员经过多年试验，利用蜜蜂为蔬菜制种，种子产量增加 20% 以上，而且籽粒饱满，千粒重增加，深受农民欢迎。利用蜜蜂为温室内蔬菜授粉已成为"菜篮子"工程的重要组成部分。同时，蜜蜂授粉无污染，也是建立绿色食品工程的内容之一。因此，有关部门在制订"菜篮子"工程、绿色食品工程时不能忘掉蜜蜂授粉增产的贡献，同样应给以一定的投资和支持。

④能源农业 能源农业是全能农业的重中之重，具有革命性的意义。另外，在节约能源方面，农业也大有潜力。例如，人们司空见惯的萤火虫就是节能高手，它的发光效率很高，仅有 5% 的能量转化为热能消耗掉，其余全部发光，不像灯泡那样烫手。原来，萤火虫靠发光细胞发光，里面含有荧光素和荧光酶等物质。在荧光酶的催化下，荧光素将化学能转化为光能，并通过控制发光细胞内氧气的供应量来调节光亮的强弱。人类应该借鉴萤火虫的发光原理，研制并大力推广这种"冷光源"，那将对节能减排作出何等大的贡献！

⑤治污农业 可以定义为专门治理污染的农业生产活动。例如，有的植物专门净化污水，有的植物专门净化土壤，有的植物专门净化空气，还有的植物能把海水淡化。如果这种淡化海水的植物选育成功，人类的缺水问题便可望解决。从太空看地球，大陆被海洋包裹着，人类最担心的应该是怕被水淹掉，但结果是人类最大的担忧是缺水。为什么？这主要是因为海水没法直接饮用，如果培育出能淡化海水的植物并大面积推广，水的问题不就解决了吗？问题是需要重视，给予支持，培育专门的品种，建立专门的推广体系，出台专门的政策，培养专门的人才。有关这方面的设想，笔者将在专门的著作中详细阐述。

⑥建材农业 未来人类要居住在六边形的房子里吗？建材农业有

以下几个含义：

一是农业对建筑的启示。例如，蜂巢是最安全、最坚固的结构，随着地下大量石油、煤、天然气和水等资源大量开采，加之地壳的运动，未来地震对人类的影响可能越来越大，人类是否要放弃现在的方形房子而选择蜂巢一样的六边形房子以保证居住安全呢？

二是用作物秸秆加工建筑材料。相比水泥、钢筋等现代建筑材料，作物秸秆是吸收二氧化碳的，而水泥、钢筋等现代建筑材料是以排出二氧化碳的，因此，利用作物秸秆加工建筑材料替代水泥、钢筋对节能减排的意义十分巨大。

第一步，建议用秸秆加工建筑材料用于装饰。

第二步，建议在高层建筑的最上面的1/3楼层采用秸秆加工的建筑材料。

第三步，待百姓接受后加大推广步伐。

第四步，将秸秆加工建筑材料用于公路建造，替代沥青，以缓解逐渐枯竭的石油。可以先从替代高速公路的护栏开始试点。

第五步，用秸秆加工的建筑材料逐步替代土砖。笔者认为，保护耕地的实质是保护优质土壤，仅仅保护耕地面积还远远不够，优质土壤是经过上亿年形成的，一旦烧制成土砖就不可逆，而且还排出大量二氧化碳。相反，如果用秸秆加工的建筑材料逐步替代土砖，就可以永续生产利用，土壤就像魔术师一样，不停地变出新型的建筑材料。

第六步，凡生活中可以用秸秆加工而成的建筑材料替代的，都要逐步替代，比如雕塑材料等。

⑦资源农业　资源农业是农业的根本，是农业文明的"火种"，意义十分重大。

⑧微生物农业　微生物与农业的关系十分密切，微生物农业前景广阔。

1980年2月，在新疆驻京办事处学术报告厅，北京农业大学（现中国农业大学）陈延熙教授在北京植物病理学会举行的年会上首次提出了"植物体自然生态系"概念，这是他和梅汝鸿副教授等同事们30多年研究得出的结论。他们认为，所有植物（生物）普遍存在一个微生物的生态系，在这个生态系内，各种微生物相互依存、相互制约。它们有的对植物有益，有的则对植物有害。据此，他们着手分离筛选出对植物有益的菌类，加以人工扩大培养，再把它们接种到植物上，增加它们在微生态系内的比重，抑制有害菌对植物的危害，从而达到促进植物生长发育的目的。他们从植物自然生态系的芽孢杆菌中筛选出对作物有防病、增产作用的56株"增产菌"，从1986年开始进行大面积示范推广。

实践证明，"增产菌"一般能增产10%左右，累计为国家增产粮食75亿千克，增加产值100亿元。"增产菌"成为我国第一个生物制剂方面的专利，达到国际领先水平，还荣获中国专利金奖。

⑨数字农业　数字农业是未来农业发展的趋势。

所谓数字农业（Digital Agriculture）就是用数字化技术，按人类需要的目标，对农业所涉及的对象和全过程进行数字化和可视化的表达、设计、控制、管理。其本质是把信息技术作为农业生产的重点要素，将工业可控生产和计算机辅助设计的思想引入农业，通过计算机、地学空间、网络通信、电子工程技术与农业的融合，在数字水平上对农业生产、管理、经营、流通、服务以及农业资源环境等领域进行数字化设计、可视化表达和智能化控制，使农业按照人类的需求目标发展。

1.6 全能农业时代的机遇和挑战

机遇

　　中国率先进入全能农业时代，面临着前所未有的机遇。当今世界上还有什么资源没有划定国界呢？空气！空气流动性很强，谁也无法划定它的界限。人类工业化 300 年来，大量的煤和石油都被燃烧成二氧化碳排放到空气中，不仅导致了温室效应，还大大消耗了大气中的氧气，使空气中二氧化碳和氧气的浓度发生了较大改变，对人类生存、生产和生活等都带来不小的影响，甚至对整个地球上的生命都产生了不可低估的影响。建议科学家开展相关方面的研究。

　　仔细分析目前世界面临的能源问题和气候变暖问题等，我们不难发现，其核心和主要矛盾是二氧化碳。只有用绿色植物将空气中的二氧化碳转变为碳水化合物，再转变为能源，不仅实现了降低二氧化碳浓度的目标，还增加了氧气的浓度，恢复空气质量。这将是一个造福当代，惠及子孙的伟大事业。

挑战

当然，中国率先进入全能农业时代，同样面临着巨大的挑战。一是人们能否突破传统的观念接受这个概念和理论。二是我们同世界发达国家在科研水平和投入上还存在较大差距。一旦国外认识到全能农业的巨大前景和诱惑，将对我们构成严峻的竞争和威胁。

第二章

科技创新颠覆传统农业

本章的主要内容为得到专家和社会认可，且产生一定经济效益，具有可推广性和广阔发展前景，对实施乡村振兴战略具有推动作用和借鉴意义的重大颠覆性农业科技成果。

2.1 种地无须用土

导读 "面朝黄土背朝天"是传统农业的写照。今天，用高科技种地竟然不用土，颠覆了人们对农业的认识。

一般认为，农业生产离不开土壤。然而，这一状况未来或许会改变。在前不久举办的国家"十二五"科技创新成就展上，一项名为"智能 LED 植物工厂"（图 2-1）的成果受到广泛关注。这项被业界誉为颠覆"土地利用和农作方式"的技术，到底新在哪里？这种培植技术在我国进展又如何？

中国农业科学院农业环境与可持续发展研究所（以下简称中国农科院环发所）是我国植物工厂的重要阵地，在国家"十二五"科技创新成就展亮相的正是该团队自主研发的成果。中国农科院环发所研究员杨其长表示，目前我国掌握了智能 LED 植物工厂关键技术，整体水平处于国际前沿。

所谓植物工厂，就是通过设施内的高精度控制实现农作物周年连续生产的高效农业系统，是利用计算机对植物生育过程的温度、湿度、光照、二氧化碳浓度以及营养液等环境要素进行全天候控制，不受或很少受自然条件制约的省力型生产方式。

杨其长解释，农业生产就是植物通过光合作用生产碳水化合物的

图 2-1　科技创新成就展上智能植物工厂的展台（资料图片）

过程。遵循该科学原理，智能 LED 植物工厂根据不同作物对营养和阳光的需求，对"工厂"内环境要素和营养要素进行实时自动调配，精准供给植物，以确保植物健康生长，这样就实现了不用土、不用阳光，可实现全天候的植物智能化生产，人类甚至可以在太空、荒漠、戈壁等非可耕地里进行作物生产。

与传统农业生产方式不同，植物工厂有七大技术优势：

一是作物生产计划性强，可在不受外界环境影响的条件下，实现周年均衡生产；

二是单位面积产量高，可大幅度提高资源利用效率；

三是机械化、自动化程度高，劳动强度低，工作环境舒适；

四是不施用农药，产品安全无污染；

五是多层式、立体栽培，节省土地和能源；

六是不受或很少受地理、气候等自然条件影响；

七是与现代生物技术紧密结合，可以生产出稀有、价高、富含营养的植物产品。

"我国人口多，耕地少，人均资源相对不足。同时，人们对洁净安全农产品的需求越来越迫切。在这种形势下，发展植物工厂非常有必要。"杨其长说。植物工厂是目前全球农业高技术研究的热点，因其融合了现代生物技术、智能装备与信息技术等新科技，也是彰显一个国家农业高技术水平的重要标志。杨其长认为，未来植物工厂有望颠覆传统的农作方式，代表了农业发展的方向，掌握植物工厂核心关键技术具有战略意义。

据悉，我国从 20 世纪 90 年代开始植物工厂研发工作，2002 年成功研发自然光植物工厂，2005 年研制出 LED 植物工厂实验系统，并在 2010 年上海世界博览会首次展出家庭 LED 植物工厂。2009 年研发出国内第一例智能型植物工厂。目前，该技术成果已推广到北京、上海、山东等 20 多个省、自治区、直辖市。2013 年国家正式将"智能化植物工厂生产技术研究"项目列入"863"计划，由 15 家科教单位与企业联合进行技术研发。目前，我国拥有不同规模的人工光植物工厂约 100 座。

20 世纪 90 年代，杨其长敏锐地意识到，植物工厂是未来的发展方向。他带领研究团队潜心研究，率先提出多个植物的"光配方"，并创制出基于光配方的 LED 节能光源及其光环境调控技术装备，在业界首次提出"光—温耦合节能环境调控"方法，创制出植物工厂节能环境调控技术装备；率先提出"光—营养调控蔬菜品质"方法，创制出采前短期连续光照提升品质工艺及技术装备；率先提出植物工厂光效、能效以及营养品质提升的智能管控方法，创制出基于物联网的智能化管控系统。

植物工厂虽然拥有众多优势，但在实际发展过程中也面临着一些"瓶颈"。杨其长说，植物工厂普及和推广的核心是工业产品化，从目前看，植物工厂标准化、模块化装备的研发方面还有待提高。从经济效益上来看，与露地、大棚相比，植物工厂由于初期建设成本较高、耗能较大等，总体上来看单位生产成本还是相对偏高，未来仍需要进一步降低成本。

2.2 蔬菜栽到墙上 甘薯长在空中

导读 蔬菜种在地里，甘薯当然长在土里。这既是常识，也是实际生产中采用的做法。然而，中国农业科学院设施农业研究中心主任杨其长博士却让蔬菜栽到墙上、甘薯长在空中，让人眼界大开。对此，笔者一直追踪采访杨其长课题组的研究进展。

大家知道，甘薯是长在土里的。农业科学家们却设法让它挂在空中，这样做科学吗？课题主持人、中国农业科学院设施农业研究中心主任杨其长博士说，这个在空中结薯的创新灵感来自生活。2005年初，杨博士与他的学生们聊天，无意间听到来自南方的学生说，家乡的甘薯蔓上经常长出小甘薯，但它影响了块根的生长和产量。农民们经常要设法把这些甘薯蔓翻过来，不让蔓上结薯，但劳动强度很大。

"甘薯蔓上长甘薯？科学根据在哪里？"杨博士陷入沉思。他带领学生们进行深入研究，提出了块根功能分离的理论。也就是说，传统的甘薯依靠块根膨大形成甘薯，而甘薯蔓是输送营养的通道。现在则正好相反了，让甘薯蔓来膨大形成甘薯，块根变为输送营养的通道。它们的功能实现了分离。

这样做有什么好处？杨其长博士说，一是可以节约土地；二是无污染；三是比传统栽培产量高出1倍，从亩（1亩 ≈ 667米^2）产

5 000千克增长到 10 000千克；四是可以周年生长、连续多次收获；五是减轻劳动强度，不用再挖甘薯，改为摘甘薯；六是可以控制品质；七是可以生产功能甘薯，如富含胡萝卜素、维生素C等的甘薯。

目前，该项技术已经推广到上海、山东、北京、河北等 10 多个省（直辖市、自治区）的数百个知名农业科技园区，并走向国际，同美国迪斯尼乐园也签订了推广协议（图 2-2）。

图 2-2　在空中生长的甘薯

自 2000 年起，杨其长博士带领课题组还开展了"墙面立体无土栽培技术"研究，已经获得国家发明专利和实用新型专利若干项，并推广到国内 300 多家单位，产生明显的经济效益和社会效益（图 2-3）。

由方智远院士、陈殿奎研究员等著名专家组成的鉴定委员会认为，甘薯空中结薯无土栽培、可拆卸斜插式墙面立体无土栽培为国内外首创。实现了甘薯的"空中结薯"、连续采收和周年生长，单株产量达到 386 千克。斜插式墙面立体无土栽培模式，较传统栽培提高产

图2-3　用立体栽培技术在墙面种植的蔬菜

量203%。所研制的斜插式立柱、移动式管道栽培模式，其设备组装、分离和移动方便，增产效果明显。

专家们认为，这两项技术从提高都市农业的资源利用效率和经济效益出发，对都市观光型设施园艺的栽培模式和配套技术进行了创新研究，其成果拓展了设施园艺学科的内涵，丰富了设施栽培的技术模式，为都市农业的发展提供了重要的技术支撑。

2.3 马铃薯成中式主食

导读 马铃薯司空见惯，中式吃法有炒土豆丝、蒸土豆、地三鲜等，西式吃法有薯条、薯泥等。人们可能想象不到，中国农业科学院农产品加工所的科学家却能把马铃薯加工成馒头、面条等常见中式主食，彻底颠覆了人们对马铃薯的认识，也引起不小的轰动。

马铃薯适应性强、耐瘠薄干旱、产量高、营养丰富，是菜粮兼用的全营养食材，营养当量最高，早已被联合国粮农组织作为第四大主粮作物。在西方，马铃薯一直以薯条、薯泥等形式作为主食。我国马铃薯种植面积、总产量世界第一，但以鲜食为主，加工转化率低。因马铃薯不含面筋蛋白，成型性、延展性、成膜性、持气性差，手工难以制作成适合我国居民饮食习惯和口味偏好的主导产品，一直未成为我国居民的主食。

我国社会正在全面进入营养健康发展新阶段，健康中国是美丽中国梦的重要内涵、发展目标。为推动农业供给侧结构性改革和健康中国建设，马铃薯主食产品工业化生产势在必行，亟待突破原料评价、关键技术、核心装备和主导产品四大瓶颈。中国农业科学院农产品加工所项目科研团队围绕马铃薯主食产品与加工专用品种评价、加工关键技术、核心装备与生产线、重大产品创制与应用等开展系统研究开发，取得突破，示范应用成效显著，引领了我国马铃薯主食产业发展。

我国马铃薯主食化主要内容和特点如下：

一是阐明马铃薯主要成分与小麦蛋白互作形成"类面筋"结构的规律及其机制；创建马铃薯中式主食原料的评价方法，为马铃薯主食生产和专用品种选育提供参考依据。

二是突破了马铃薯主食加工黏度大、发酵难、成型难等技术瓶颈，为马铃薯中式主食产品创制奠定了基础。

三是创建了马铃薯主食最优占比阈限、产品标准；创制了六大类300余种产品，实现了工业化、自动化、规模化生产；发明了马铃薯主食定性定量鉴别方法，为产品真假鉴别和政府市场秩序管理提供技术支撑。

本成果获国家授权发明专利26件、实用新型专利5件，制定行业标准2项、企业标准3项，出版科普图书1部（8册），参编著作1部，制作专题片1部，发表论文12篇（其中SCI收录6篇），研发六大类300余种新产品，创制专用装备10台（套），创建了22条示范生产线。近三年在九省七市50多家企业生产，总量达18.9万吨，累计销售额45.4亿元，为社会创造经济效益8.9亿元。带动20万户农民种植马铃薯，增加农民收入4亿元。部分成果获2015年农业部农产品加工业十大科技创新推广成果，2017年神农中华农业科技奖科研成果一等奖，2017年中国农业科学院科学技术成果奖杰出创新奖，2017年中国专利优秀奖2项，作为农业领域标志性成果参加"国家十二五科技创新成就展"，农业部唯一推荐成果参加"砥砺奋进五年大型科技成就展"（图2-4，图2-5）。

在不与水稻、小麦、玉米三大主粮争地、争水、争肥、争药、争工的前提下，马铃薯主食化战略秉持营养指导消费、消费引导生产的理念，通过政府引领、创新驱动、企业主体、市场机制、社会服务、金融支持六位一体协同创新，实现了由原料生产向加工产品生产、由副食消费向主食消费、由温饱型消费向营养健康型消费重大转变。马铃薯主食化是中华民族第三次膳食革命开始的标志。

面条类产品

馒头类产品

米制品类产品

地域特色类产品

方便即食类产品

休闲类产品

图 2-4　马铃薯主食

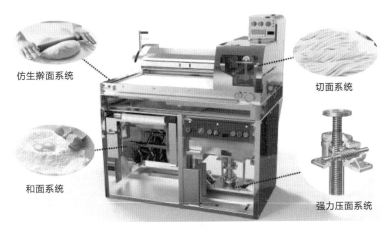

仿生擀面系统

切面系统

和面系统

强力压面系统

一体化仿生擀面机

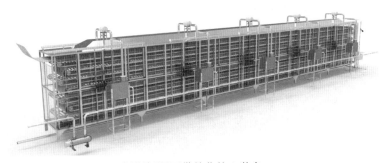

恒温恒湿面带熟化核心装备

马铃薯主食复配粉全自动生产线

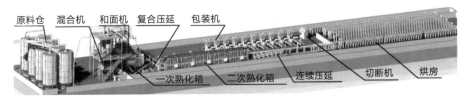

原料仓　混合机　和面机　复合压延　包装机

一次熟化箱　二次熟化箱　连续压延　切断机　烘房

马铃薯面条全自动生产线

图2-5　马铃薯中式主食系列产品示范生产线

马铃薯馒头全自动生产线

马铃薯面包全自动生产线

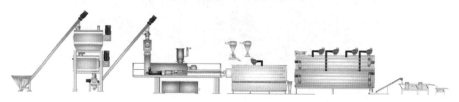

马铃薯挤压主食全自动生产线

马铃薯麦片全自动生产线

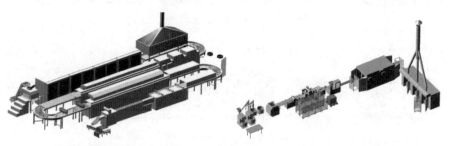

马铃薯多纳圈自动生产线　　　　马铃薯迷你馕自动生产线

图2-5　马铃薯中式主食系列产品示范生产线（续图）

2.4 种棉不再盖地膜

导读 种棉花一定要覆盖地膜，这似乎已经成为常识。种棉花不覆地膜，这在种棉人看来简直是天方夜谭，但这的确是解决当前农田残膜"白色污染"最直接、最有效的方法。

无膜棉达国际领先水平

一到种植棉花季节，农民朋友早早就买好塑料薄膜，技术人员也会现场指导。

然而，这一定律已经被新科技打破了！2017年9月底，在位于新疆阿克苏地区沙雅县的中国工程院沙雅院士专家工作站，50亩无膜棉花试验田里挂满了白花花的棉朵，一派丰收的景象。现场专家介绍说，中国工程院院士（中国农业科学院棉花研究所前任所长）喻树迅带领他的研究团队通过连续7年在南疆多地的试验示范实现了新疆棉花的无膜种植。

由中国种子协会主办，中国农业科学院棉花研究所和新疆维吾尔自治区沙雅县人民政府共同承办的无膜棉现场观摩暨交流研讨会，吸引了来自全国各地的大批棉花专家、棉农代表共150余人前来观摩，一探究竟。就连农业部党组成员、中国农业科学院院长唐华俊院士，农业部种植业管理司副司长杨礼胜，科技教育司副司长冯志勇，全国农技推广中心党委副书记刘信，中国种子协会副会长马淑萍，以及中国工程院、中国农业科学院相关负责同志都来参加会议。现场的一些专家代表也悄声议论："无膜棉"能成功吗？

事实最有说服力！经过专家现场考察和测产，该示范田亩结铃数达 7 万多个，平均亩产量 365 千克以上，高产地块亩产达 400 千克，与大面积种植的地膜棉产量相当，呈现出早熟高产的特性。经第三方科技成果评价机构评价，该技术为彻底解决棉田残膜污染创新了具有颠覆性潜力的技术途径，关键技术达到了国际领先水平。

"白色革命"变"白色污染"

棉花是我国最重要的经济作物，新疆是全国最重要的产棉区，尤其是南疆棉花种植面积达 2 000 万亩，约占全疆的 2/3。20 世纪 80 年代以来，新疆在棉花种植上大范围推广使用地膜覆盖技术，棉花产量因此大幅度提高，给新疆农业增产、农民增收带来了巨大效益。

棉农对地膜有一种复杂的情结：它曾帮助棉农掀起一场农业"白色革命"，而如今却成了棉田"白色污染"的祸首。

"覆盖地膜可以增温保墒、抑制杂草、防虫防病、保水保肥……用处有一堆，早就成了种棉的标配。"在无膜棉现场观摩会上，中国农业科学院棉花研究所研究员毛树春说，特别是在西北、东北、华北地区，几乎"无膜不棉"。

唐华俊说，近 30 年来，我国地膜覆盖面积和使用量一直位居世界第一。这其中，新疆的地膜用量更是首屈一指。统计数据显示，截至 2014 年，新疆的地膜覆盖面积已近 5 000 万亩，地膜总使用量达

150 万吨，已成为我国地膜覆盖面积最大、用量最多的地区。

"地膜的使用可提高作物单产 20%~30%，大面积地推广促进了新疆棉花的生产，对新疆的棉花生产来说，使用地膜确是一次伟大的革命。"杨礼胜说。

然而，30 多年的"温水煮青蛙"，地膜残留终于露出它狰狞的一面。

"随着地膜使用量的不断增加、残留地膜回收率一直偏低，土壤中残膜量逐步增加，土壤结构遭到严重破坏、耕地质量逐步下降。现今，新疆已成为继山东之后残膜污染最严重的地区之一。"杨礼胜说。

残膜污染会影响棉花生产，首当其冲的是原棉质量。喻树迅院士说，对于机采棉而言，残膜会随机械混入棉花，成为构成棉花"三丝"污染的"生力军"。这将严重影响棉花的纺线质量和染色。新疆是我国棉花生产的主战场，如不能解决白色污染，也将影响我国棉花系列产品在"一带一路"大格局下的国际影响力。

目前，中共中央办公厅、国务院办公厅印发《关于建立资源环境承载能力监测预警长效机制的若干意见》，旨在进一步引导和约束各地严格按照资源环境承载能力谋划经济社会发展。这在毛树春看来，是中央决心守住生态红线的明确信号。

"我最近看到一个报告，农田可以存留的残膜最多是每亩地 30 千克，现在很多地方都超过这个数。"毛树春透露，由于积累了近 30 年的残膜只是在近几年才引起重视，多数地块残膜量"高的很""超过 30 千克，只多不少"。

毛树春说，我国覆盖地膜的农田有 5 亿亩，主要在西北、东北和华北地区。"残膜就在地下 0~30 厘米的耕作层里，挖起来都是碎片。"他说，治理农田残膜污染"到了迫在眉睫的时刻"，因为当污染量到了不可承受的时候，"必然对生态环境、对农作物的生产造成很大的影响"。

为了把残膜从农田请出去，农业专家们也试过很多办法。杨礼胜介绍说，大量科研工作者在地膜降解和残膜回收等方面进行了大量努力。但是，至今仍然没有找到理想的解决途径。

毛树春说，到目前为止，使用更利于回收的加厚地膜和所谓的可降解地膜，都还未在实际生产中取得成功。"解决残膜白色污染的根本途径只有一个，就是不使用地膜。"

唐华俊强调，在新疆，棉花已成为地膜污染最为严重的作物。减少使用或不使用地膜，已成为未来棉花等农作物种植业发展的迫切需要。

用科学巧解"白色污染"

巧解"白色污染"，当然要靠科学技术。原来，在棉花播种的时候，会经常遇到低温冷害，直接影响棉花出苗。而在秋天收获季节，又遇到低温霜冻等不良气候，也会影响棉花产量和收获。针对这个直接原因，我国唯一的棉花院士、国家棉花产业技术体系首席科学家、中国农业科学院棉花研究所前任所长喻树迅研究员发挥自己科研团队在育种方面的优势，另辟蹊径，出奇制胜，从选择新品种入手，培育具有晚播兼具早熟的品种，从而彻底甩掉塑料薄膜。

自2011年起，喻树迅院士带领的科研团队在农业部、中国工程院等有关部门的大力支持下，组织有关科研单位和企业进行联合试验、协同攻关，首次提出南疆无膜棉试验示范，并依托国家棉花产业技术体系率先开展早熟、耐低温、耐盐碱的无膜棉新品种选育，终于成功培育出新品系"中棉619"。

"中棉619"可以晚播种10多天，正好躲过了春天播种时的低温；由于具有早熟的特点，又巧妙地躲过了秋天收获时遇到的低温霜冻等不良气候。通过这些特点，实现了棉花种植不再需要覆盖地膜的目标。

现场专家们认为，无膜棉综合技术能够完全实现不用地膜种植棉花，可以彻底解决残膜污染难题，实现绿色植棉。本成果通过创新育种新思路，培育出特早熟、耐盐碱、耐低温、丰产的陆地棉新品系"中棉 619"，同时根据品系特性，实现了栽培措施的配套研发，在无膜棉新技术的研究与示范方面取得了突破。

在南疆地区无膜种植棉花，其出苗率和成苗率是决定是否可行的关键因素。"中棉 619"是通过丰产、特早熟、耐盐碱、耐低温的四亲本聚合杂交选育而成的，具有特早熟、耐盐碱、耐低温等优点，适合在温差大、盐碱重、长日照的南疆地区进行无膜种植。"中棉 619"在南疆地区无膜栽培条件下生育期约 120 天，相比于地膜覆盖棉花（早中熟棉花品种约 135 天），可推迟 10 天左右播种，能有效避免早春时期冷害对棉花的胁迫。"中棉 619"耐盐碱、耐低温，在无膜覆盖条件下也能够快速萌发出苗，其出苗率和成苗率与覆膜条件下的出苗率和成苗率无明显差异，不会因出苗率和成苗率影响棉花产量。因此，"中棉 619"特早熟、耐盐碱、耐低温的特性可保障棉花在无膜覆盖条件下在南疆地区的出苗率和成苗率，因而可以实现南疆棉花的无膜种植。

喻树迅院士研究团队专家介绍说，为实现无膜棉综合技术的配套，针对无膜种植和生长特性，利用精量播种技术实现一播全苗，又可省去间苗、定苗等管理过程；还添加了穴播器拨片装置，避免了由于无膜覆盖导致的穴播器堵塞；为有效保温、保水、保墒，进一步加强出苗率和成苗率，特将穴播器播种深度增加为 3.5 厘米（比地膜棉深播 0.7 厘米），同时将滴管带浅埋于土下 2~3 厘米，实现滴灌带的固定和有效灌溉，避免风害。依据无膜棉田间生长情况，适当提高了种植密度（每公顷种植株数增加了4.5万株，实际收获密度达到了22.5万株／公顷左右），并在不减少肥料使用的条件下化控减少至3次（比地膜棉减少2次），在保证棉花产量的同时减少了用药量，有利于节约成本和保护环境。

以"中棉619"作为无膜棉的配套品系，采用政府主导、科研单位和相关企业紧密结合的联合试验方式，研发了"中棉619"无膜种植综合技术，建立了"中棉619"无膜种植示范基地，实现了棉田无膜化种植的目标，减少了新疆棉田残膜对生态环境和原棉的污染，推动了棉花产业的可持续发展。

参加现场观摩会的专家经过现场考察和测产，对这一思路和实际效果击掌叫绝。中国农业科学院院长、中国工程院院士唐华俊现场考察了无膜棉田间种植情况后说："这一成果不仅对解决当前棉花原棉污染具有重大意义，而且对新疆棉花生产可持续发展具有重要的推动作用，必将为解决'白色污染'、推动棉花产业提质增效，提供强有力的科技支撑。"

农业部种植业司副司长杨礼胜对由中国工程院院士喻树迅领衔培育推广的无膜棉充满信心："我坚信随着无膜棉品种和配套栽培技术的成熟和推广，新疆残膜污染问题必将被彻底解决。"

协同创新才能走得更远

"今年受苗期连续阴雨天气影响，出苗率只有75%左右。如果出苗率能提高10%，产量还能够再增加不少。"负责示范田管理的新疆守信种业公司一位负责人说。

相比之下，无膜的"中棉619"产量的确逊于同地区的覆膜高产田（最高可超过500千克／亩）。但这在毛树春看来，无膜种植能实现超过 350 千克籽棉的亩产量"已经不低了"。

"按照 41% 的衣分计算，每亩的皮棉产量约 150 千克，产量就基本有保证了。"毛树春认为，从产量上看是比覆膜棉田要低，但现在还不是拿产量做横向比较的时候，"从生态效益与经济效益综合评价来看，无膜植棉无疑已经开了个好头。"

尽管如此，无膜棉要想一举推广开来，还有诸多问题需要解决。

"无膜棉种植给科研和生产提出了很多新问题。比如如何破解僵苗问题、抗除草剂品种选育等；此外，无膜棉的播种技术、水肥调控等还需要进一步优化，未来还有很多工作要做。"毛树春说，"农业新技术从试点到示范、推广一定是稳步进行的，要一步步来。"

喻树迅院士也表示，无膜棉如今"只是一个阶段性的成果"，并提出无膜棉第一步先抓产量，下一步再抓品质："这我非常清楚，特别是育种方面，需要协同创新才能走得更远。"

2.5 用麻地膜消除白色污染

导读 曾为世界粮食安全作出重大贡献的塑料地膜，因为其造成的"白色污染"和对生态环境带来的严重危害而备受世界各国关注。中国农业科学院麻类研究所在国家"十五"攻关项目、国家"十一五"科技支撑计划项目、农业部948引进项目、科技部成果转化资金项目的资助下，在世界上率先研制成功可生物降解的环保型麻地膜产品及生产工艺技术，形成了具有自主知识产权的科技成果。

据介绍，环保型麻地膜主要由苎麻等植物纤维按特定的工艺技术制成，有透水和不透水两种，其性能指标通过多年研制和改进得到提升。

麻地膜特点：

一是具有保温、保湿、透气、防草等特性。

二是与国外纸地膜相比，产品横向抗拉强力较好，不易撕破，适宜机械化铺膜。

三是在大棚条件下，麻地膜在冬春季节防草效果达到40%~97.3%。麻地膜覆盖蔬菜能够促进其早发快长，提早上市，增加产量。

四是麻地膜具有可降解性，其降解速率与麻地膜配方和环境温度、湿度、酸碱性以及土壤肥力相关。未做防水处理的麻地膜冬季覆盖后 3 个月左右开始降解，5 个月后几乎完全降解；防水型麻地膜覆盖后 5 个月开始降解，经 7~8 个月完全降解。而塑料地膜完全降解需要 7 年以上时间。

环保型麻地膜在全世界具有广阔的开发前景。环保型麻地膜由植物纤维制成，可生物降解，无污染。我国具有丰富的麻类纤维资源，开发环保型麻地膜产业具有中国特色和显著的优势。

麻地膜开发优势：

第一，原料来源丰富。环保型麻地膜主要以苎麻落麻（一种苎麻副产品）为制造原料，这不仅可以满足麻地膜的使用要求，还可以降低生产成本。我国是麻类资源生产大国，麻类作物是我国传统的栽培作物，苎麻种植面积占世界第一、亚麻和红麻占世界第二。此外，我国还具有丰富的野生罗布麻、纤用大麻等麻类纤维资源，麻类作物的常年种植面积在世界上占有绝对优势。因此，充分利用可再生麻类资源制造环保型麻地膜具有资源优势。

第二，对保护生态环境有利。环保型麻地膜由植物纤维制成，它的使用能有效促进农作物生长发育，使用后在土壤中降解性能良好，产品降解后无污染，并有培肥土壤作用。另外，麻地膜降解物能克服塑料地膜残留的土壤肥力非常不均匀的问题，可以改善土壤的理化性状，降低土壤容重和增加总孔隙度，改善土壤三相比例，提高土壤部分养分和有机质，明显提高土壤细菌、放线菌以及真菌等微生物数量，并且这种效应有随麻地膜残留量的增加而加强的趋势。

第三，市场前景较广。我国农业生产可持续发展要求使用可生物降解的农作地膜，这将给环保型地膜推广应用带来新的机遇。我国是世界上地膜覆盖大国，塑料地膜的使用量相当于世界其他国家总和的 1.6 倍，且每年以 5% 的速度增长。随着农业科学技术的迅速发展，对农膜的需求量将会继续增长，地膜未来的市场空间很大。环保型麻地膜可生物降解，在我国大城市无公害蔬菜基地具有良好的应用前景。此外，由于我国麻类纤维的原料优势，环保型麻地膜与日本、欧洲、美国等国的可降解地膜相比，具有较低的成本优势，这些国家应该是环保型麻地膜早日开发的国际市场。

2.6 把草变成食用菌

导读 提起草，人们自然想到草原和草坪，绝不会将草与食物联系起来。福建农林大学菌草室主任、高级农艺师林占熺通过努力攻关，将不起眼的草变成食用菌，端上百姓的餐桌，令人叹为观止。

草，遍地都有。但在林占熺的眼中，这些普普通通的草却都成了"野火烧不尽，春风吹又生"的不竭"财源"。这位福建农林大学菌草室主任、高级农艺师在世界上首次用 29 种草作原料栽培成功 34 种食用菌，在国内外引起轰动。

那是 1985 年的一天，林占熺出差来到闽西的一个贫困山村。"叔叔，给我点番薯干吃吧。"一位瘦骨嶙峋的小男孩扯住他的衣襟乞求着。农民出身的他知道挨饿是什么滋味。"有什么办法能让这山村摆脱贫困和饥饿呢？"他抬起头，望着漫山遍野的野草，不禁怦然心动：20 世纪 60 年代用芒箕叶和面粉搅拌在一起做烙饼吃的情景闪现在他脑海中。"对了，就在草上下功夫吧！"

缺资金，缺设备，没有资料可查，也无经验可供借鉴。他搭进了自己的生活费，还欠下了 7 000 多元。这对当时月工资只有 40 多元的他来说，的确是一笔沉重的债务。林占熺顾不上这些，一门心思扑在试验上。他选用野草配制成 76 个不同食用菌培养基配方，用香菇、盾形木耳等 40 个不同菌种进行交叉接种试验。数百个日日夜夜过去了，他和助手像守护着即将分娩的孕妇一样陪伴着一捆捆野草，盼望着奇迹的出现。

1986 年 10 月，一个平常的日子。林占熺正要走进实验室，他的助手兴高采烈地冲了出来，"林老师，出菇了，真的出菇了！"林占熺飞奔进去，只见三三两两的小香菇点缀在一捆捆野草上，他惊喜万分，热泪不禁夺眶而出。

美国、日本等国纷纷要出高价购买菌草技术，高薪聘请他出国办菌草研究所。但是，林占熺忘不掉那个向他讨番薯干的小男孩儿瘦弱的身影。"几十万美元，只能富我一个人，教会农民用草栽培食用菌，富的是千千万万的人，我选择后者。"这就是林占熺的决心！

令林占熺振奋的是，菌草技术被列为国家重点星火计划项目，被联合国计划开发署和我国外经贸部列为"南南合作"优先项目。为了推广技术，他常常是白天在学校讲课，晚上乘夜车去乡下，走村串户，打着手电筒看菇棚，手把手教农民种菇。

菌草技术改变了我国 800 多年来用木材种菇的习惯，极大地节约了木材，保护了森林和生态环境。这项技术甚至把传统畜牧业都无法利用的一些草（如芒箕等）转化成人类可以食用的蛋白质，其效益为牛奶的 20 倍。1 亩地按产鲜草 1.5 万~2 万千克算，至少可收干草 0.5 万千克，0.5 万千克干草能转化成 0.5 万千克香菇或 0.75 万千克木耳，其收益远远超过种粮食。

2.7 向空气要氮肥

导读　让植物直接利用空气中的氮素，一直是科学家的梦想。如今，这一梦想露出一线曙光。

"庄稼一枝花，全靠肥当家"。几年前，如果科技人员对正在施肥的农民说："回去吧，从今天起你不用再给庄稼施氮肥了，因为它们已经能直接吸收空气中的氮了"，那么，视化肥为宝的农民肯定会摇头说："别开这种玩笑了。"如今，中国农业科学院等单位的科学家们用一种生物技术的新方法，率先在世界上将豆科作物的固氮能力转移到非豆科作物上，实现了非豆科粮食作物根部结瘤，并起到了固氮作用，使玩笑式的构想变为科学事实。

氮是作物生长需要量最大的元素。尽管大气中含有近80%的氮素，但小麦、水稻、玉米等广大农田的非豆科粮食作物只能望"氮"兴叹，都无法直接利用它，农民们只好大量往地里施化肥以求高产，唯有豆科作物有本领利用根瘤菌直接吸收利用空气中的氮。因此，让粮食作物直接利用空气中的氮素，就成为全世界科学家们梦寐以求的愿望。迄今为止，国内外诸多学者均进行了大量研究工作，但尚未攻克这一世界性难题。20世纪80年代初，我国学者以植物激素诱导根瘤菌与非豆科作物共生结瘤，率先开辟了一条新路，并进行了深入研究。

这些研究结果使一向被视为禁区的非豆科作物结瘤固氮研究取得了重大突破，初步实现了人类向非豆科作物转移固氮能力的愿望，并在国际上引起重视，澳大利亚、英国、德国等许多国家都纷纷开展了此项研究。

2.8 对付小龙虾防不如吃

导读 生物入侵，令人忧虑。一是不好防治，二是花费巨大。华中农业大学水产学院教授、博士生导师顾泽茂却别出心裁，硬是将人人喊打的生物入侵者小龙虾变成百姓餐桌上的美食，走出一条别样的生物入侵治理道路。

顾泽茂说，生物入侵并不可怕，关键是要找对治理的科学方法。如今，顾泽茂团队在湖北省推广小龙虾虾稻综合种养面积超过650万亩，农民每亩收益达到3 000~4 000元，开发的小龙虾美食有40多种风味。顾泽茂教授因此被誉为"将论文写在稻田边的博士"（图2-6，图2-7）。

说起小龙虾的前世今生，顾泽茂说，小龙虾原产于北美洲，美国路易斯安那州主产区，养殖面积4.8万公顷，美国20世纪70年代开始在稻田养殖小龙虾。

图2-6　稻田放养小龙虾

图 2-7　小龙虾美食

小龙虾如何入侵到我国？顾泽茂说，1918 年，小龙虾从美洲到达日本（John，1972）。1929 年，小龙虾从日本到达中国（陈义，1947）江苏、上海等地，1960 年，小龙虾沿江而上。

顾泽茂说，小龙虾在我国经历了由贱到贵的历程。

2000 年，害虫——泛滥——破坏防洪工程、破坏秧苗等；

2002 年，益虫——捕捞 + 小面积养殖；

2007 年，特色——大面积养殖；

2013 年，珍宝——全民养殖。

顾泽茂说，小龙虾国内市场的预期值 200 万吨！市场周期长，每年 3~11 月可以连续上市。目前，养殖面积约 500 万亩，稻田、池塘、藕塘等均可养殖，且成本低、投入不大、成本回收快、价位可观、市场空间大。

小龙虾有什么特点呢？顾泽茂说，它是纯淡水虾，与南美白对虾、螃蟹所需环境有差异。它的运动方式以爬行为主，不会游泳。

顾泽茂说，小龙虾适合在稻田中养殖。这是因为虾苗和稚虾利用稻草腐烂提供的有机质、浮游植物、浮游动物为饵料生物，快速生长；稻草为虾苗提供了攀附和栖息场所。通过技术改进，3 月底可以获得大量大规格虾苗。

顾泽茂说，千万别小看小龙虾！它可以成就"二水"大产业，生产的稻米不仅安全，且产值是单一水稻的 4~5 倍。因为小龙虾对农药特别敏感，所以一点农药都不能用，为了小龙虾的安全，这些稻田绝对不用农药，水稻自然是安全的，从而实现了"一水两用、一田双收、稳粮增收、一举多赢"。

2.9 庭院也成聚宝盆

导读 农村的庭院是用来居住和生活的。山东省枣庄市却让普通的庭院具有经济功能，给人不小的启示！值得借鉴和推广。

山东省枣庄市在农村产业结构调整过程中采取逆向思维方式，在大田、大棚里狠下功夫的同时，充分依靠科学技术，把农户庭院开发作为农村产业结构调整的重要内容，走出了一条依靠庭院经济增加农民收入的新路子。

目前，全市"千元不出门、万元不出院"的农户比比皆是。庭院经济是以农户庭院宅基及周围的土地、空间为载体，以精种、精养、精加工为主要内容，以商品生产为目的的优质高产高效经营形式，是广大农民脱贫致富奔小康的一项重大工程。庭院集中了农村能流和物流的70%，为庭院经济开发提供了极为有利的条件。

1998年夏，枣庄市发生了严重的干旱，大田歉收。市委、市政府明确提出，以秋补夏，引导农民在原有生产的基础上，重点抓好庭院经济这项富民工程，力争做到歉夏不歉收。市妇联、市农办等部门积极行动起来，制定了庭院经济开发的方案，并由市委、市政府以文件的形式下发执行，市人大会议还把庭院经济作为增加农民收入的措施写进了政府工作报告。

　　如今，随着庭院经济开发技术的普及，昔日冷清空落的农家小院热闹起来了，呈现一派繁荣景象：春有花、秋有果、冬有大棚、夏有荫，种养加销一条龙，一年四季有收获。一大批致富状元户、示范户脱颖而出。这些示范户起到了"拨亮一盏灯、照亮一大片"的效果，在实践中逐步形成了"协会＋农户""能人＋农户""基地＋农户""企业＋农户"四大带动模式，加快了农民进入市场、参与竞争的步伐，同时也促进全市庭院经济不断上规模、上档次，向更高的水平发展。

2.10 秸秆禁烧不如会烧

导读 | 秸秆禁烧不仅是个大难题，也是老难题，似乎无解。华中科技大学环境学院肖波团队发明的生物质微粉燃烧技术，能让秸秆燃烧到1400℃以上，燃烧效率高达97%以上，打破了千百年来生物质燃烧温度低、不能广泛作为工业燃料的瓶颈。普通生物质材料通过这项技术变成了与燃油、燃气一样的高品位燃料，可广泛应用于火力发电、金属熔炼、海水淡化、窑炉燃料、城镇取暖、燃气制备、燃油制备、合成气制备等，是一项实实在在且前景广阔的颠覆性技术。

华中科技大学环境学院肖波团队发明的生物质微粉燃烧锅炉在深圳市应用取得成功，一台2吨生物质微粉燃烧锅炉已在深圳国际低碳城稳定运行了半年以上，成功取代了燃煤锅炉生产工业蒸汽。专家表示，这一应用为国内开展的煤改气、煤改电（"双改"）提供了新的选择，其能源创新意义更是不可低估。

肖波教授建议将该锅炉名称改为"霄"，列为国家工业锅炉和清洁取暖重点推广技术。

相关专家认为，这是生物质资源化利用的重大突破，为国内正在开展煤改气、煤改电提供了选择，其战略意义不亚于"新四大发明"。

生物质微粉燃烧技术是一项"美丽中国"技术，是一项能源创新技术，也是一项惠农技术。

生物质微粉高温燃烧技术虽然在深圳烧了半年，但经严格监测完全达到深圳环保要求。这是生物质微粉高温燃烧技术应用的一小步，却是这项颠覆能源技术被关注的一大步。

燃煤锅炉不让烧，改造后的微粉燃烧锅炉登场。现场测试表示，能源利用效率提高25%，霄的燃烧效率可以达到97%以上，整体锅炉热效率提高20%左右，完全满足严格的环保要求。

清洁高效的霄锅炉燃烧方式，与传统的煤块和生物质成型燃料锅炉的结构及其层燃方式完全不同，燃霄就与燃气汽油一样，自动流态输送进入燃烧器；更不可想象的是在整个燃烧器内见不到任何生物质燃料的痕迹，只见到白亮的火焰在炉膛中炫舞，类似于气体燃料燃烧，通常的木柴燃烧特性完全没有了。经过华中科技大学的微米化能源转化后，木柴秸秆就转变成了天然气式的气体燃料。最神奇的是，植物燃料中所含的灰分在炉内高温下瞬间熔化成高温液体，采用液态排渣技术可轻易实现粉尘液化沉降与烟气分离。能源专家浙江大学岑可法院士认为，这是将传统的生物质固体燃料的慢速"多相燃烧"转变成通常只有气体燃料才能达到的高速"单相燃烧"，这种生物质微米燃料的清洁气态燃烧的室燃特性，远远优于煤炭的固体燃烧的层燃特性。能源专家西北核技术研究所欧阳晓平院士将这种生物质燃烧定义为生物质"高清燃烧"，因为霄的高温燃烧使导致雾霾的焦油、挥发性有机物和炭末在高温下完全燃尽。

霄锅炉的"秘密武器"与制胜法宝来源于肖波团队两项新发明：生物质破碎技术及粉尘爆炸高速燃烧技术。

常规的生物质成型燃料将生物质材料压实，这样更阻碍燃烧时氧气与燃料的接触，燃烧缓慢，导致燃烧温度低、能源利用效率低。肖波团队采用与之相反的方法，将各种植物纤维原料（如秸秆、芦苇、园林固废、野草、藤蔓等所有非粮食植物）用低成本、高效率的破碎技术，制备成为霄（粒径约为 1 根头发直径）。霄既能像生物质成型燃料那样达到减容的目的，方便贮存和运输；同时，霄在炉膛的高温条件下迅速完成固气转变，固体形式微米燃料的燃烧实际上变为燃气的高速燃烧，燃烧温度可达到 1 400℃以上，燃烧效率高达 97% 以上，比传统方法提高 1 倍左右，这样就打破了千百年来生物质燃烧温度低、不能广泛作为工业燃料的瓶颈。这是美国 130 年前发明的生物质成型燃料所不可比拟的。普通生物质材料通过微米燃料技术，变成了与燃油和燃气一样的高品位燃料，还可广泛应用于火力发电、金属熔炼、海水淡化、窑炉燃料、城镇取暖、燃气制备、燃油制备、合成气制备等（图 2-8 至图 2-9）。

图 2-8　位于深圳低碳城的城市有机污泥制氢试验设备系统（参加 2016 年国际低碳展）

生产霄的林木废弃物、秸秆原料

霄生产线

深圳龙岗霄锅炉系统

深圳龙岗霄锅炉液态排渣状况

深圳龙岗霄锅炉尾气清洁排放

图2-9　霄锅炉燃烧流程

2.11 治韭蛆，喷药不如盖薄膜

导读 被誉为"春菜第一美食"的韭菜是很多北方人的至爱，但屡有发生的"毒韭菜"事件让许多消费者望而却步。因为要对付深藏在韭菜根部的韭蛆，必须用高毒农药，容易造成农药残留超标，让菜农颇为头疼。中国农业科学院"作物根蛆防治技术研究与示范"团队在实践中探索出了一种对付韭蛆的新技术，不用农药就可以高效彻底地杀灭韭蛆，且操作简单、成本低廉、易于推广，菜农和消费者都为他们击掌叫绝。

韭菜富含维生素和多种具有药用功效的营养物质，加上其独特的香味，使其成为我国城乡居民餐桌上的最爱。传统美食"韭菜炒鸡蛋""韭菜馅儿饺子"更是享誉中外，名扬天下。然而，韭菜同时也是我国农产品中检出农药残留超标频次最高、质量安全问题最严重、最突出的农产品，被称为影响我国农产品整体质量安全水平的"头号杀手"，严重威胁着人们的身体健康。

中国农业科学院蔬菜研究所所长孙日飞说，韭蛆是危害韭菜的毁灭性害虫，防治该害虫时不合理使用农药正是造成上述韭菜质量安全问题的关键因子。韭蛆也叫韭菜迟眼蕈蚊，以幼虫群集在植株的地下部位为害，受害的植株早期不易察觉，但等地上部位出现症状后再进行防治，为时过晚，最后全株变黄并枯萎死亡。针对韭蛆危害，菜农主要采用的防治方法是使用化学农药灌根。由于韭蛆主要躲藏在韭菜的叶鞘内或鳞茎内为害，药剂很难接触到虫体。菜农为有效控制其为害，被迫使用一些残效期长、高毒剧毒的有机磷和氨基甲酸酯类杀虫剂，每亩地用量甚至高达 10 多千克，严重破坏菜田生态环境，并导致蔬菜产品的农药高残留而频发人畜中毒事件。

2013 年，在公益性行业（农业）科研专项"作物根蛆类害虫综合防治技术研究与示范"等项目的支持下，中国农业科学院蔬菜花卉研究所联合国内 30 多家科研院所、教学单位进行深入攻关，在系统研究韭蛆的生物生态学特性、田间发生为害规律与灾变机制的基础上，发现韭蛆具有极其不耐高温的特点，并在此基础上，发明了"日晒高温覆膜"防治韭蛆的新技术。

专家组认为，经过山东、河北、天津、安徽、甘肃、浙江等地区的示范证明，该技术应用具有 3 个明显特点：①防效好。对韭蛆的防效达到 100%。②效益好。使用该技术，农户不仅每亩节省生产成本 2 000 元以上，韭菜生产也不再需要农药防治韭蛆，保证产品实现绿色化。③简便易学。得到了示范农户与当地农技推广人员的好评和欢迎。

专家组认为，该技术是一项绿色、经济、简便、实用的根部害虫防治的革命性新技术，是害虫绿色无害化防控的典范，该技术的应用将有力促进我国韭菜产业的发展。建议大力宣传，迅速在全国韭菜蛆虫发生区推广应用，并进一步加强深入细化研究，为其他蔬菜土居害虫的防控提供借鉴。

2.12 能源农业打造负碳经济

导读　当低碳经济、低碳生活成为妇孺皆知的热词时，一种全新的经济——负碳经济正在向我们走来。负碳经济颠覆了低碳经济的概念。

所谓负碳经济，就是一种以吸收转化二氧化碳为主要形态的经济模式。如果说，低碳经济、零碳经济是一个量变的过程，那么，负碳经济就是一个质变的过程。低碳经济就好比垃圾的减量，而负碳经济就是垃圾的回收再利用。

对碳，要辩证地看。一方面，碳元素意义重大：它缔造了生命，是煤、石油、天然气等传统能源的主要组成部分，当然也是人类须臾不可离开的粮食的组成部分；另一方面，二氧化碳又对气候产生巨大影响，会造成温室效应。数据显示，工业革命近 300 年来，由于煤等传统能源的大量使用，空气中二氧化碳浓度上升了 30% 以上。即使人类从今天起不再排放任何二氧化碳，地球也需要 40 年时间才能将空气中多余的二氧化碳吸收转化完毕。

更重要的是，碳元素还能把粮食、能源和气候等热点问题紧紧联系起来，形成一个大的循环链。而这一点，恰恰就是负碳经济的依据。

负碳经济来了，我国已开始广泛的实践。在我国，负碳经济主要表现形式是能源农业。如今，许多地方已经开展了积极的摸索。云南省农民在当地龙头企业的带领下，用高科技手段在干热河谷地区种植小桐子，用来榨取生物柴油，既满足市场对能源的需求，又带动农民增收。在云南楚雄、临沧、曲靖、文山等地完成种植 30 万亩，为地方增加了数十万亩林地，按照 3 吨种子生产 1 吨油来计算，每吨油的种子原料成本约 4 500 元，如果算上可作为活性炭原料的种壳和饼粕的利用价值，可以将每吨生物柴油的成本控制在一个合适的价位，能被市场普遍接受。

负碳经济来了，有科技攻关作为支撑。据悉，中国农业科学院油作物研究所经过科技攻关，已经掌握了将菜油加工转化为生物柴油的技术。据专家估算，如果将南方的 4 亿亩冬闲田种上油菜，然后转化为生物柴油，即可相当于再造一个永不枯竭的"绿色大庆"。

能源农业至少可以实现三全其美：一是大量消除转化大气中的二氧化碳；二是产出国家急需的绿色能源；三是迅速增加农民收入。然而，目前在许多地方，能源农业却发展不起来。其原因一是把生物柴油与粮食和食用油对立起来；二是生物柴油销售政策和渠道有待完善；三是生物柴油的生产和加工产业体系尚未形成；四是生物柴油的研发力量分散，未能形成合力。

负碳经济来了，需要政策扶持。能源农业作为转型升级的重大技术，应上升为国家战略；要组织科学家从资源收集、品种培育、科学种植、深加工等各个领域开展联合攻关，同时鼓励地方政府和农民积极发展能源农业。

负碳经济来了，实现可持续发展，又多了一个支撑点。

2.13 "量身定制"风味番茄

导读　番茄味道不如以前，是因为育种过程中丢失了控制风味品质的部分基因。中国农业科学院农业基因组研究所的研究人员通过不懈努力，未来通过基因组编辑技术，可以生产出任意风味的番茄。

基因组编辑技术为你"量身定制"

你可能常听到这样的吐槽：现在番茄种类很多，也更大更好看，但却不如过去好吃了。别着急，好消息来了：不久前，中国农业科学院农业基因组研究所研究人员培育出了一批番茄新品种，口味就比之前的好多了。

番茄等蔬菜瓜果为何味道变差了？中国农业科学院研究人员又是通过什么神奇方法培育出了好吃的番茄品种？

番茄，俗名称西红柿，原产于南美洲，大约明朝传入我国。它适应性广、产量高、营养丰富、风味独特，是世界范围内广泛种植的第一大蔬菜作物。据联合国粮农组织统计，2014 年全球番茄产值达962.8 亿美元。我国以鲜食番茄为主，更加注重风味品质。番茄味道不如以前，是因为育种过程中丢失了控制风味品质的部分基因。

据中国农业科学院农业基因组研究所所长黄三文介绍，我们现在吃到的番茄都是由野生醋栗番茄驯化后的品种，野生番茄果实非常小，只有 1~2 克重，经过人工的长期驯化，现代栽培番茄的果重是其祖先的 100 多倍。

黄三文说，番茄味道不如以前，是由于在现代育种过程中过于注重产量、外观等指标，虽然产量大了、长得好看了，却使控制风味品质的部分基因位点丢失。研究结果表明，番茄中的 13 种风味物质含量在现代番茄品种中显著降低，从而改变了番茄口感。

能不能利用现代技术手段，培育出好看又好吃的番茄？黄三文想到了基因组编辑技术。从源头做起，先找出影响番茄口味的"基因密码"。"我们的味蕾一直想找回的老口味儿就躲藏在'基因密码'里，一旦找到决定番茄风味的相关基因，问题就会迎刃而解。"黄三文说。

2012 年，黄三文带领团队参与了番茄基因组测序项目，破解了拥有 9 亿个碱基对的番茄全基因组图谱，其相关研究成果发表在权威学术期刊《自然》杂志上。2014 年，黄三文带领的团队与国内多个从事番茄研究的团队一起揭开了番茄果实由小到大的人工驯化过程，即野生醋栗番茄产生樱桃番茄，最终形成大果栽培番茄。同时，他们构建了番茄基因组变异图谱，发现了 1 200 万个基因组变异的数据。2017 年 1 月，黄三文团队终于破解了番茄风味基因密码，国际学术期刊《科学》以封面文章的形式报道了这一科研成果。

"为了鉴定番茄种质中的优良基因，我们对世界范围内 400 份代表性的番茄种质进行了全基因组测序和多点多次的表型鉴定。利用全基因组关联分析和连锁分析，最终鉴定了影响 33 种风味物质的 200 多个主效的遗传位点。"该论文并列第一作者、中国农业科学院基因组研究所祝光涛博士说，研究发现，其中有 2 个基因控制了番茄的含糖量、5 个控制了酸含量。

研究还发现，柠檬酸和苹果酸是番茄中的主要酸类物质，柠檬酸能提高番茄风味，但苹果酸会降低番茄风味，研究人员由此找到了降低苹果酸、提高柠檬酸含量的技术路线。

从理论上说，任何风味的番茄都可以通过基因组编辑技术实现。

基因组编辑技术为何如此神奇

黄三文说，基因组是一个物种所有遗传信息的总和，新一代基因组技术被认为是驱动未来经济的颠覆性创新技术。2002 年中国科学家发表的水稻基因组，推动了基因组学在农业育种上的应用。基因组编辑技术则是基因组学快速发展的直接产物。如同要编出畅销书或好新闻首先要仔细阅读原稿一样，要想更好地应用基因组编辑技术，首先要阅读基因组、读懂基因组。

黄三文介绍，基因组编辑技术是当前生命科学研究的前沿领域，利用该技术，科学家能够对目标基因进行定点敲除或插入，从而获得对人类有益的性状。其中，CRISPR/Cas9 技术因其编辑效率高、操作简易等特点，成为当前生物研究炙手可热的研究工具——他们发现并改进番茄口味就是用的这种技术。

他说，日常食用的番茄有红果和粉果两种，红果番茄硬度大耐贮运，但口味较差；粉果番茄颜值高、风味佳，但却有不易贮存的缺点。因此，传统的育种主要集中在红果番茄上，优质粉果番茄品种较少。黄三文团队利用基因组编辑技术，将控制番茄果实颜色、口味等的基因进行了编辑，仅用了 10 个月的时间就获得了耐贮运、风味佳的粉果番茄。

"从理论上来说，未来人们想吃什么风味的番茄，都可以通过基因组编辑技术来实现。"黄三文介绍说，他们团队与合作者已经培育出含糖量提高的番茄新品种。下一步，将进一步提高有益挥发性物质的含量，培育出更美味的番茄品种，力争恢复番茄原有的风味。

在农作物育种领域，基因组编辑技术的作用不只是用在番茄上。黄三文说，基因组编辑技术大大提高了作物的育种进度，通过"编辑"基因，一些小麦、水稻、玉米、马铃薯等作物新品系也相继问世。

国家"十三五"七大作物育种专项首席科学家、农业部作物基因资源与种质创制重点实验室主任张学勇研究员说，基因组编辑技术在农业领域前景广阔。"与物理或化学诱变育种相比，基因组编辑技术可以更准确、更精细地改变生物体内有机大分子的合成速度和方向，是一种精准育种技术。"

张学勇说，馒头或者米饭中存在两种淀粉，即直链淀粉和支链淀粉。其中支链淀粉很容易水解为葡萄糖，而直链淀粉降解成为葡萄糖的速度则缓慢许多。通过基因组编辑技术，可以敲除或减弱支链淀粉合成的基因的活性，增加直链淀粉的比例，使直链淀粉的比例从百分之十几提高到 60%~70%，这样就能有效控制糖尿病人饭后血糖迅速上升的情况，造福糖尿病人。

张学勇介绍，基因组编辑技术，还可以改变大豆、油菜等作物籽粒中油的成分比例，增加亚麻酸、亚油酸等优良成分的比重，利于健康和长寿。该技术还能让棉花纤维更细更长，提高优质棉比例，增加棉农收入。此外，它还能改变玉米、水稻等作物的叶片夹角，更有利于密植以达到高产的目的。基因组编辑技术还能控制花卉的颜色，创造出一些自然界还没有的兰花、牡丹花的颜色，提高花卉品质，满足不同人群需要。

张学勇认为，未来利用基因组编辑技术还可以根据人们的需要，改变许多农产品的风味、颜色，延长农产品的货架期，为现代农业发展注入强大的科技动力，更好地造福人类。

2.14 咸水也能浇田

导读 缺水是影响我国农业发展的一大因素，灌溉当然得用淡水。河北省水利科学研究院的专家却想出了妙招：用咸水浇田，这样可行吗？会不会对庄稼造成伤害？

咸水是导致土壤盐碱化的根源。然而，河北省水利科学研究院等单位的科研人员却开展用咸水灌溉的高难度研究工作，取得重大成果。研究结果表明，科学地利用咸水在旱季灌溉，比不灌溉的作物增产 1.2~1.6 倍，同时还淡化和改造了地下咸水。

河北省黑龙港是全国最缺水的地区之一，年平均降水量才 533 毫米，其中 70% 又都集中在 7~8 月份。浅层淡水面积都不到 60%，仅靠这点淡水根本不可能满足抗旱灌溉的需要。那么，占整个黑龙港面积近半的咸水敢用来灌溉吗？从 1980 年起，河北省水利科学研究院高级工程师方生和河北省水利科学研究院、南皮县盐改指挥部、南皮县水利局等单位的 20 多名科技人员在当地开展了利用咸水灌溉的研究。

10 年的实践表明，咸水灌溉的关键是控制咸水灌溉后土壤耕层的盐分累积程度，不让它超过作物的耐盐度，而暂留在耕层的盐分靠 7~8 月份汛期的降雨淋洗下去。由于抽取地下咸水进行灌溉，降低了地下水位，因而使汛期降雨入渗增大，明显冲淡了地下咸水，从一定程度上解除了盐碱化的潜在威胁。

同时，他们还抽取深层碱性淡水，与咸水、混合水一起灌溉，取得一系列成果，使地下水质得到改善。

该项成果已在国际上交流，分别参加了"国际盐渍土改良"和"国际灌溉系统评估和水管理"两个学术讨论会，受到与会各国专家的重视。一批国际知名水利专家先后来南皮参观并给予高度评价。

⬡ 2.15 | 到太空种庄稼

导读 | 建造"会飞的农场"不是梦!

● 航天育种开展全国联合攻关　农民朋友愿望正在变成现实

"尊敬的编辑同志:我是一位农民,今年已经 75 岁了。我这一辈子还剩下最后一个心愿,就是把我们这里农户种植的薏米种子放在咱们国家的卫星上,希望从太空回来后,能够增加产量。"

这是辽宁省灯塔市罗大台乡一位村民日前写给《中国航天报》的一封信。他在信中介绍说,薏米可是个好东西,被称为米中"人参",既可食用,也可入药,国内外的需求量很大,但就是产量太低,因而影响了农民种植的积极性。

"国以农为本,农以种为先"。在我国广大农村,有千千万万与吴老汉有着共同心愿的农民,期盼能有更好的作物新品种,种出更好的庄稼,获得更好的收成。

令人欣慰的是,广大农民朋友的愿望正在变成现实。2006 年 9 月 9 日,我国第一颗育种卫星——"实践八号"育种卫星,在中国酒泉卫星发射中心发射升空,"实践八号"育种卫星装载了九大类、

2020份生物材料，包括水稻、麦类、玉米、棉麻、油料、蔬菜、林果花卉和微生物菌种等152个物种。10月13日，农业部在中国农业科学院作物科学研究所组织召开了"全国航天育种卫星返回种子地面育种工作启动会"，来自全国25个省（区、市）132个科研单位、大专院校的210多名科技工作者共商航天育种方案。此次会议决定，由中国农业科学院牵头成立"全国航天育种协作组"，组织全国航天育种科研单位，全面开展地面研究工作。

● 航天诱变育种生根开花　四年增产粮食3.4亿千克

据国家航天育种首席科学家、中国农业科学院航天育种中心主任刘录祥研究员介绍，早在20世纪60年代初，苏联及美国的科学家就已开始将植物种子搭载卫星上天，在返回地面的种子中发现，它的染色体畸变频率有较大幅度的增加。此后俄罗斯等国在"和平号"空间站成功种植小麦、白菜和油菜等植物，这项研究的目的是使宇宙飞船成为"会飞的农场"，最终解决宇航员的食品自给问题。迄今美国和俄罗斯从事种子搭载的目的都不是为了育成应用于农业的种子。

1987年8月5日，随着我国第九颗返回式科学试验卫星的成功发射，一批水稻、小麦和青椒等农作物种子被带到太空中，这是我国农作物种子的首次太空之旅。

刘录祥研究员说，航天育种准确来讲叫作航天诱变育种，就是将种子置于空间环境中，由宇宙粒子、失重、弱地磁、高真空等等这些因素综合作用，产生变异。目前世界上已有2300多个诱变品种，其中我们国家育成的就有640多个。

作为目前世界上仅有的3个（美、俄、中）掌握返回式卫星技术的国家之一，自1987年以来，我国科学家先后进行了21次农作物种子等生物材料的空间搭载试验，共涉及70多种植物的1000多个品种。经过多年的地面种植筛选，已育成60多个农作物优异新品系并进入省级以上品种区域试验，其中已通过国家或省级审定的新品种或新组合30个，包括水稻、小麦、棉花、番茄、青椒和芝麻等作物，并从中获得了一些有可能对农作物产量和品质产生重要影响的罕见突变材料。

特别是我国"十五"期间国家高技术研究发展计划"863"计划实施以来，我国农作物航天育种在新品种培育、知识产权保护与产业化以及航天育种机理研究等方面取得一系列重大突破。由中国农业科学院航天育种中心牵头的863计划课题组利用航天技术先后育成并审定水稻、小麦等作物新品种12个，其中"华航一号"和"Ⅱ优航1号"等4个水稻新品种通过国家审定；9个新品种申请了植物新品种知识产权保护。"华航一号"水稻新品种在国家南方稻区高产组区试和生产试验中，产量比对照品种"汕优63"分别增产4.50%和4.39%，成为我国第一个通过国审的航天水稻新品种，累计推广种植面积300多万亩。

据统计，近4年来，由航天育种培育出的农作物新品种已经累计推广850万亩，增产粮食3.4亿千克，创经济效益5亿元。其实，这样的成绩仅仅是一个开始。由于我国现有耕地的2/3为中低产田，粮食平均亩产不到400千克，如果按10%的耕地面积推广航天育种培育出的农作物新品种，那么每年水稻的产量将增加25亿千克，小麦产量增加14.4亿千克，将创造数十亿元的产值。同时，我国还有3000万公顷的盐碱地和沙地，利用航天育种培育出耐寒、耐旱、耐盐碱的农作物，将对我国的低品质土地的开发和利用、改善环境有着更为深远的影响。

航天育种产业化前景广阔 诱变种子长出的粮食可以放心吃

有人担心航天诱变种子长出来的粮食有安全问题。对此，刘录祥认为这种担心是没必要的。他解释说，航天诱变以及核辐射诱变等从本质上同自然界的一些因素引起的诱变是一样的，我们只不过用化学或物理的方法把自然变异的过程加快了，二者都没有把其他一些对人类可能有害的外来物种的基因导过来，只是通过诱变使种子的基因发生变化，所以航天育种作物的安全性应该没有问题。"我们也曾经将太空飞行归来的当代种子（非直接食用）进行严格的专业检测，也没有发现它增加任何放射性。因此，食用太空种子生产的粮食、蔬菜等不会存在不良反应。"

刘录祥说，个别人对航天育种还有另外一些误解。前几年，有些媒体宣传"上去一搭，种子一转，回来就增产"，这是完全错误的观念。航天育种实际上是一个研究活动，搭载 5 000 粒种子，可能只有 50 粒变异了，真正有效果、有可能从中选育出优良突变品种的是这 50 粒种子。

刘录祥表示，航天育种技术能否真正发展壮大，关键取决于最终能否实现产业化。预计未来我国将建立 3~5 个集生产、试验、示范、开发为一体的现代化航天技术育种产业基地。在产业示范发展的基础上，生产、加工、销售利用航天技术育成的农作物优良新品种，广泛开展国际合作业务，为全球农业的发展贡献一分力量。

第三章

让植物长对地方

本章主要内容为种植业方面的颠覆性科技成果。种植业是整个农业的基础，也是乡村社会的命脉。我国几千年来形成的作物种植制度，是传统农耕文明的重要组成部分。但在乡村发展进入新阶段后，每个地方究竟最适合种植哪些作物？在哪个时段应种哪些作物？似乎并没有很好地解决。本章收集的一批案例，给人以有益的启示和借鉴。

3.1 让植物长对地方

导读 每个地域究竟应种植什么作物？既不能按部就班，也不可东施效颦。绝不要以为这是一个简单的问题，其实很多地方农产品出现的卖难现象，很大程度上在于"种什么"的问题没有解决好。随着气候变化以及市场的快速变化，种植什么作物是一个首先要考虑的大问题，需要有颠覆性思维。本章精选的这些案例，也许能给我们带来一些启示。

记得上农业大学时，老师讲解《植物学》时提了一个问题："谁知道什么叫杂草？"有位同学举手站起来答道："凡是长错了地方的植物就叫作杂草。"他的回答引来哄堂大笑。同学们跟他开玩笑说："看来是你老兄上错了大学，你应该上北大的哲学系才对。"

20多年过去了，这个颇具哲学色彩的回答成为同学们聚会时必然谈及的笑话之一。有时静静一想，觉得他的回答也不无道理。"橘生淮南则为橘，生于淮北则为枳"（见《晏子春秋·内篇杂下》）。不是吗？同样是草，长在庄稼地里，农民朋友自然要用锄头或除草剂将其除掉；如果长在城市绿地或足球场里，不仅要经常浇水，还要施肥，精心养护，谁不小心踩了小草，还要被罚款。同样的草之所以遭到两种相反的待遇，就是因为它们长在了不同的地方。

过去，烟台苹果名满天下，而陕西的渭北旱塬没有栽种苹果的习惯，可是从 20 世纪 40 年代开始，苹果被引种到这里，经过半个多世纪的发展，人们发现，这里竟也是苹果的最佳适生区之一：海拔适中，昼夜温差大，苹果品质好，大量出口到国际市场，受到广泛好评。联合国粮农组织的专家考察后也对这里适合苹果生存的自然环境击掌叫绝。

不久前去深圳福田农产品批发市场采访，了解到甘肃定西生产的马铃薯在这里名气很大，销路特别好，价格也卖得高，以至于一些来自马铃薯主产区的马铃薯也愿意打出"定西土豆"的牌子销售。定西还属于欠发达地区，过去人们只重视传统的粮食生产，没想到不起眼、以往难登大雅之堂的马铃薯竟然成了大气候。其实，道理很简单也很科学——这里的土壤和气候最适合马铃薯生长，只因过去人们还没认识到。

近几年，农业部推行优势农产品区域规划，例如东北的大豆、吉林的玉米、新疆的棉花、河南的小麦、陕西的苹果等，笔者认为其核心还是要让植物长对地方，发挥其优势，这是科学的选择。

当然，我国地域辽阔，气候和土壤类型复杂多样，农作物种质资源保存量世界第一，肯定还有许多我们尚未认识的优势农作物。由此联想到邓小平同志曾经说过的一句话："农业文章很多，我们还没有破题。"当然，这句话的含义比较广泛，但也应该包括各个地方究竟最适合种植什么作物的问题。这给农业科技工作者提出了一个新课题：如何帮助各地找到优势农产品，最大限度地发挥当地的自然资源优势，生产出最好的农产品，在满足市场需求的同时，实现农业增效、农民增收的目标。

3.2 一年四季吃鲜橙

导读 江西赣州过去没有种植柑橘的习惯。直到 20 世纪 70 年代开始试种脐橙，自 1981 年从华中农业大学引种纽荷尔等 8 个脐橙良种以来，在华中农业大学等教学科研单位指导下，赣州市历届党政领导常抓不懈，广大果农艰苦奋斗，使赣南脐橙成为我国一张亮丽的名片。

一年四季吃鲜橙，这在几年前，很难想象。为了避免柑橘集中上市造成的卖难问题，也让人们随时都能吃到国产鲜柑橘，华中农业大学邓秀新院士团队经过不懈努力，大大延长了柑橘的供果期，实现了一树柑橘红全年的梦想。

“花果同树”，夏橙 5 月份进入采收季

5 月份，各种新鲜水果开始上市。人们可能想象不到，这个季节也能有橙子上市。

华中农业大学邓秀新院士团队经过不懈努力，实现了国产鲜食柑橘全年不断档的梦想，让不可能变为可能：5 月初，“花果同树”的夏橙进入采收季，7 月 20 日，云南玉溪的橘子准时上市，这是一年里中

国最早成熟的柑橘品种。大约1个月后，鲜嫩多汁的琯溪蜜柚成熟。蜜柚尚未下市，江西寻乌和广西的蜜橘开始抢滩9月份的水果市场。国庆期间，湖北的蜜橘紧随其后。到了11月份，体型硕大、风味浓烈的赣州脐橙、皮薄浓甜、个体娇小的南丰蜜橘成为热销的主角。元旦将至时，南方化渣爽口的椪柑行销全国。春节前后，轮到砂糖橘、春甜橘和秭归晚熟脐橙发力。一直到翌年3~4月份，水果店里仍容易见到晚熟的脐橙品种。带给国人几乎整整一年甜蜜的柑橘季才告结束。

日常生活中，我们可以吃到很多水果，其实，柑橘是世界第一大水果，占国际水果年产量的20%。柑橘也是我国南方第一大水果，2014年产量3 492万吨，占我国水果总产量的21%。

柑橘往往生长在山区和贫困地区，因而成为扶贫的主导产业。20世纪80年代中后期，柑橘产业一度成为三峡库区移民就地安置的支柱产业，也是南方一些山区如赣南老区、武陵山区等农民致富、农村与农业发展的重要产业。但由于当时对产业可持续发展的认识不深，各产区盲目发展，导致建园标准低下、品种结构不优、成熟期过于集中、良种率不高；到20世纪末，柑橘产业整体效益低下，各种产业问题突出。

面对我国柑橘品质长期徘徊不前的严峻局面，邓秀新带领团队冲了上去。华中农业大学早在20世纪50年代就开始研究柑橘，1987年独立培养出了新中国第一位专门从事柑橘研究的果树学博士——邓秀新。

在估算"入世"对国内产业冲击时，曾有专家预言，柑橘和大豆将遭受巨大冲击，前景堪忧。"入世"后，国外优质而廉价的柑橘和大豆大量涌入国内，"狼"来了。此刻，邓秀新早已组建了一支中国的柑橘团队，通盘考虑我国整个柑橘产业的前途和命运：从实验室的品种培育到果园里的选种，再到产后处理和市场营销，邓秀新团队的研究覆盖了整个产业链条，全面支撑整个柑橘产业体系。

邓秀新团队的努力取得了显著成效。2011 年，我国柑橘产量超过 2 900 万吨，居世界第一位。出口量从 10 多年前的 20 余万吨到目前的约百万吨，赣南脐橙等国内名品远销国际市场。"狼"来了，但又被赶跑了。

基础研究与产业形成良性互动

如何发展中国的柑橘产业，邓秀新团队的思路非常清晰：将顶天的基础研究和立地的技术应用与产业有机结合，相互促进，形成良性互动。

2012 年 11 月 26 日，由邓秀新和国家"千人计划"学者阮一骏共同带领团队完成的甜橙基因组图谱研究成果，在《自然——遗传学》杂志在线发表。它如同打开了甜橙生命活动的"黑匣子"，破解了甜橙基因"密码"，得到了基因组合的排列顺序和相关特征。在今后的研究中，团队可以有意识地锁定甜橙农艺性状，有利于培养出更好、更健康的品种。

甜橙基因图谱是中国自主完成的首个果树作物基因组序列图谱，也是世界上第一例芸香科植物基因组图谱。国际柑橘基因组计划自 2003 年启动以来，一直进展缓慢。2011 年，邓秀新和阮一骏的团队开始绘制甜橙基因图谱。不到两年即得到覆盖率近 90% 的高质量图谱。专家评价说，甜橙基因测序代表了"中国速度"。

其实，甜橙基因组图谱的获得绝非偶然。邓秀新是国内果树界中最早开展生物技术研究的学者，20 世纪 80 年代中期即师从柑橘泰斗章文才教授，开展原生质体培养再生技术研究。

1987 年，邓秀新团队首次在国内创建了从原生质体培养到再生植株的全套体系。这是我国果树生物技术上的一个重大突破，使我国成为继以色列和日本之后世界上第三个获得柑橘原生质体再生植株的国家。通过改进培养方式和栽培方法，进一步使再生植株所需的时间比以色列缩短了 2 个月，且大大提高了再生植株移栽的成活率。

在美国佛罗里达大学留学期间，邓秀新独立完成了 20 余个柑橘属间和种间融合的研究，其中柑橘属与金柑属的体细胞杂种为世界首例。他还利用业余时间在短短 1 年时间内将三倍体胚乳愈伤组织再生成植株成功移入大田，为该研究中心解决了一大世界难题。

回国后，邓秀新继续从事柑橘生物技术研究，通过细胞融合的方法创制了一大批柑橘新种质，并将体细胞杂种成功应用于种质创新和遗传改良，为无核新品种选育奠定了种质基础。通过小孢子培养获得了甜橙双单倍体植株，2011 年，在国际柑橘基因组计划已公布甜橙和克里曼丁基因组草图的情况下，邓秀新和阮一俊教授又启动了独立完成甜橙全基因组测序的计划，其勇气和动力正是源于有了这份宝贵材料。

这些生物技术新种质必将对我国未来 5~10 年柑橘产业的种业发展及基础研究产生深远影响。

农业科学的研究成果，最终要靠大地来检验

邓秀新常说，农业科学的研究成果，最终要靠大地来检验。为此，他身先士卒，主导完成了国家柑橘产业带整体规划，参与了多个优势柑橘产区的建设，足迹遍布长江中上游柑橘带、浙闽粤柑橘带、赣南湘南桂北柑橘带和鄂西湘西柑橘带，以及岭南晚熟宽皮橘、南丰蜜橘、云南特早熟柑橘、丹江口库区柑橘及四川、云南柠檬基地等主要柑橘优势产区。

最大的变化发生在革命老区赣州。20 多年来，邓秀新带领自己

的团队，前后近 40 次踏上赣州这片红色的土地。

赣南的脐橙有"三驾马车"，分别是政府、企业和科技。科技的这辆马车，驾驶人就是柑橘团队。从引种培育到规划发展，到规模发展，再到今天的产业化大发展，赣州柑橘产业的每一次升级，都凝聚了邓秀新和同事们的智慧。

人们不会忘记，1999 年赣南发生百年一遇的霜冻，局部地方脐橙树被冻死或冻伤。春节过后，有的县（区）出现了挖脐橙树准备腾园种植其他树种的情况，一旦这种现象在各地陆续发生，赣州脐橙产业将毁于一旦，老一辈开拓的这一产业将夭折。

这时，邓秀新带领团队迅速跑到赣州市以及其下属主产县调研，邓秀新坚持认为，赣南地区是国内少有的适宜发展优质鲜脐橙的地区之一，脐橙产业的形成和发展将会拉动整个赣南经济的快速发展，帮助农民脱贫致富。

在邓秀新等人严密的科学求证面前，赣州市和各区（县）领导信服了，逐渐认识到了这次冻害是百年一遇的事件，对赣南脐橙产业的发展不会产生根本性的伤害。赣州的干部群众对发展脐橙产业的信心也更加坚定。

近年来，劳动力加速转向城市，给赣南脐橙产业的可持续发展带来挑战。2003 年，15 元钱在赣州就能请到一个帮工，到 2011 年则需要 200 元。针对这一变化，邓秀新带领现代农业（柑橘）产业体系的专家，推广水肥一体化、省力化和机械化等技术，以缓解劳动力成本增加带来的压力。

这几年，随着赣南脐橙的经济效益越来越好，一些县近年来不断扩大规模，甚至要把耕地拿出来种脐橙。邓秀新果断地对当地领导说：柑橘不能与粮食争地，而且赣南的柑橘产业已经过了扩大规模生产的阶段，现在要在提高品质、产后处理和品牌培育上下功夫。

2015年，赣州脐橙种植面积已达到158万亩，这其中，大多数果园是2000年后建起来的新园子，产量超过了127.5万吨。赣南脐橙成为远销港澳、东南亚等市场的主力品种。全市25万种植户68万果农受益，果农人均收入5000元，当地农民因为种橘子成百万富翁的不在少数。邓秀新印象最深的是，前几年他去赣南给农民讲课，很多人骑自行车来听课；后来，他们骑摩托车来听课；而现在不少人是开小车来听课。

如今，赣南脐橙早已名满天下，其实这仅仅是邓秀新团队服务社会的一个缩影。全国3000多万亩柑橘，怎样才能卖个好价钱？这是邓秀新经常思考的问题。在规划全国柑橘产区时，邓秀新提出了打差异化牌。各地因地制宜，改良当地品种，形成地区优势品种；发展不同成熟期的品种，错开季节销售，避免短时间内集中上市带来的恶性竞争。

多年来，邓秀新带领课题组先后选育了"华柑2号""早红"等新品种，引进筛选了"纽荷尔脐橙""红肉脐橙""伦晚脐橙"等品种，这些品种有效地改善了成熟期或品质，加速了我国柑橘品种的更新换代，为加快我国江西赣南、三峡库区等柑橘优势产业带建设作出了重要贡献。同时，新品种推广和"预植大苗定植"技术在产区的结合推广应用，使果园投产期提早了1年，果农增收，产业效益显著提高。该项目曾获2007年度国家科技进步二等奖。

近年来，邓秀新带领团队在湖北三峡库区和宜昌市持续开展柑橘品种选育和技术示范推广工作，对秭归等库区的柑橘品种结构进行了优化，结合"柑橘留树保鲜"技术，极大地改善了脐橙的成熟期，如今三峡库区脐橙可从11月中旬采收至翌年4月，减少了由于成熟期集中带来的销售压力，同时也大大提高了产业效益，为三峡库区移民安居作出了贡献。

作为国家果树重点学科的学术带头人，邓秀新非常注重团队建设和学科建设，建立起合理的人才梯队。他给团队立下了一个不成文的规矩：45 岁以下的老师偏重基础研究，多在实验室做研究；45 岁以上的老师，多跑跑产区，利用积累的知识、技能和经验为果农服务，同时发现问题，提供给实验室研究。

2006 年，"柑橘优异种质资源发掘、创新与新品种选育和推广"的研究获得国家科技进步二等奖。近 10 年来，柑橘团队在国际上发表柑橘研究论文占中国科学家的 1/4。邓秀新的论文发表排名居首，多年来一直是国际柑橘科学研究最为活跃的成员。

团队始终坚持紧紧围绕服务社会、面向基层，走出了"围绕一个领军人才，带领一个创新团队，支撑一个优势学科，带动一个富民产业"的发展模式。该模式已成为华中农业大学的重要发展经验，被广泛推广。柑橘研究团队先后荣获湖北省、教育部、国家基金委优秀创新群体和中华神农科技奖优秀创新团队；已取得国家级及省部级成果奖 20 余项，国家授权专利 3 项。

邓秀新和同事们的努力，得到了国际同行的认可。2008 年 10 月下旬，第 11 届国际柑橘学大会在武汉召开，邓秀新任大会主席。上千名国内外柑橘专家参加了这项被誉为柑橘学界"学术奥林匹克"的盛会，其中包括 600 余名外国嘉宾。这也是国际柑橘学会成立 40 年来首次选择在中国召开会议。会上，邓秀新荣获"国际柑橘学会荣誉会员"奖。

2012 年 11 月，在西班牙召开的国际柑橘学会第十二届学术大会上，邓秀新被授予"国际柑橘学会会士"称号（ISC Fellow）。国际柑橘学会会士，是国际柑橘界的最高学术荣誉。邓秀新是国际柑橘学会成立 40 余年来，获此殊荣的最年轻的和唯一来自中国的科学家。

3.3 黄土地成为苹果适生区

导读 提起苹果，人们自然会想到洛川苹果。然而，在 20 世纪 40 年代之前，陕北黄土高原还没有栽种苹果。19 世纪中叶，西洋苹果传入我国。1928 年陕西开始零星地引入苹果品种。新中国成立后，陕西苹果种植面积不断扩大，产量持续提高。

以科技助推中国苹果产业发展

第一届世界苹果大会于 2016 年 10 月 16 日在陕西圆满结束。来自 30 多个国家和地区的 150 余位世界知名苹果专家以及大型企业、产业协会负责人出席，参会人员总数突破 4 万人。大会以"变革的苹果使更多人受益——现代科技与苹果可持续发展"为主题，会议进行了参观考察、学术会议、工商峰会、展览展示等多项活动，在商贸、学术研讨、国际合作等方面取得了多项成就。

尤其引人瞩目的是，大会在闭幕式上发表了"杨凌宣言"：依托西北农林科技大学组建国际苹果研究院，启动国际苹果大数据中心。同时，呼吁全球苹果领域的专家学者、企业界人士携手共进，强化优势合作，促进互利共赢，共同推动世界苹果产业科技进步。国际园艺学会主席、副主席与本届大会主席和陕西省果业局达成两项共识：一是将在陕西召开世界猕猴桃发展研讨会，二是在陕西召开世界果汁大会。

前世：求索　砥砺前行

亚当、夏娃的第一只苹果，带来了人类自我意识的觉醒，开启了人类爱情与文明的先河。24 岁的牛顿用那只砸醒自己的苹果创立了地球万有引力定律，推开了世界工业的大门。而现代的乔布斯，引领了全球资讯科技和电子产品的潮流，深刻改变了现代人的工作方式和生活方式，甚至改变了一个时代。

中国为什么会在第一届世界苹果大会主办国竞争中脱颖而出？而中国为什么将研讨会选在陕西杨凌——西北农林科技大学？为什么要依托西北农林科技大学组建国际苹果研究院，启动国际苹果大数据中心？还是让我们听听这所农业大学与苹果的故事吧。

19 世纪中叶，西洋苹果传入我国。1928 年，陕西开始零星地引入苹果品种，但在 20 世纪 40 年代之前，陕北黄土高原还没有栽种苹果。1934 年，西北农林科技大学前身——西北农林专科学校引进了"元帅""国光"等品种。1947 年，洛川人李新安在家乡建起了第一块苹果园，占地面积仅为六亩七分。新中国成立后，陕西苹果种植面积不断扩大，产量持续提高，1949 年亩产和总产量分别达到 3 500 亩和 860 吨。这一时期，苏联专家认定秦岭北麓为中国的苹果适生区。而这一结论被西北农林科技大学的科技工作者们打破。2016 年 10 月 9 日在北京人民大会堂举行的第一届世界苹果大会暨陕西苹果产业发展新闻发布会上，西北农林科技大学常务副校长吴普特教授向媒体披露了这个鲜为人知的事实。

经过西北农林科技大学科技工作者的长期实践探索，发现秦岭北麓并非苹果优生区，而陕西所在的黄土高原则是全国的苹果最佳优生区，这一结论被联合国粮农组织及业内专家广泛认可，为陕西渭北旱塬和黄土高原苹果产业发展提供了重要的理论支撑。同时，他们协助陕西省创造了"大改型、强拉枝、巧施肥、无公害"优果生产四项技术，初步确立了苹果生产技术标准和产品质量标准体系，为陕西果业科学发展提供了重要的理论支撑。

从 20 世纪 50 年代开始，西北农林科技大学原芜洲、崔绍良、付润民、黄智敏等三代果树专家经过近 30 年的努力，成功选育出晚熟、耐贮苹果品种"秦冠"。该品种先后在全国 27 个省（市）推广栽培，并被阿尔巴尼亚、匈牙利、日本、美国、英国、加拿大等国引进栽培。1988 年，"秦冠"荣获国家技术发明二等奖，这是新中国成立以来唯一获得国家奖的苹果品种，也是我国目前推广面积最大的拥有自主产权的苹果品种。

继"秦冠"之后，由西北农林科技大学付润民选育的"秦光""秋香"苹果再获陕西省科技成果二等奖、陕西省科技成果三等奖。

在早期发展过程中，西北农林科技大学的专家们忘我工作，一边为广大果农传授技术，一边指导果业生产，优质品种培育出来了，苹果果园建起来了，黄土高原上绿荫一片，培育的洛川苹果进了人民大会堂，当地群众由穷变富了。

今生：进取　强国富民

如今，西北农林科技大学将苹果研究列为学科建设规划中的优势研究领域。作为国家"985 工程"和"211 工程"重点建设高校，学校始终围绕国家重大战略需求，瞄准世界科技前沿，以提高旱区农业生产综合能力为己任，积极开展苹果领域的科学研究、科技推广和人才培养，支撑和引领了小苹果发展为大产业的转型。

在人才队伍方面，西北农林科技大学拥有世界最大的专家技术人才梯队，涵盖有遗传育种、栽培、植保、土肥、品质、贮藏、产业经济等研究领域，围绕整个苹果产业链形成了一支多学科力量相结合的人才研究梯队。现有 70 多位专家学者从事苹果的科学研究和示范推广工作，包括国家苹果产业技术体系首席科学家和全国唯一的苹果"青年千人计划"入选者。他们始终坚持围绕西北旱区苹果产业发展的重大战略需求，积极开展面向西北旱区苹果生产实际的应用基础性和应用性研究。

2005 年以来，西北农林科技大学主动服务西北黄土高原苹果产业，以科学研究、示范推广、人才培养、技术交流与合作"四位一体"功能的国家级农业科技创新示范基地为目标，先后在陕西白水、洛川、千阳以及甘肃苹果主产区建立了试验示范站，开展苹果新品种引进与选育、苹果矮砧集约高效栽培模式、果实品质形成和抗逆调控技术、砧木繁育与利用、优质高效栽培技术、病虫害综合防治等方面的研究与推广工作，成功探索并实践了以大学为依托的苹果科技推广新模式。

以示范园建设为突破口，建设各类示范园 110 多万亩，编制技术规范和标准 20 个并在地方应用，向各级政府提出产业发展建议和参与论证 80 多人次，培训基层技术骨干 3 600 余名，果农 16 500 多人次。在实践中，苹果试验站切实让农民、企业、地方政府和高校及科研机构实现共赢，成为农业科技服务"三农"的典范。

西北农林科技大学有关苹果科技服务的先进事迹先后在中央电视台、人民日报等多家媒体进行了专题报道，得到了各级政府、农技部门和广大果农的高度评价。

2014 年，学校相继培育成功"瑞阳""瑞雪"苹果新品种；"秦脆""秦蜜"苹果新品种通过陕西省初审。同时，学校在苹果深加工技术方面取得的科技成果，助推了陕西果汁加工产业的快速发展，陕西现已成为全国最大的果汁生产基地和国内最大的果汁出口省份。目前，陕西省浓缩苹果汁生产年产量和出口量分别占全国的 60% 和 40%，稳居中国第一，成为全球最大的浓缩苹果汁生产加工基地。

近 5 年，西北农林科技大学苹果领域国际论文发表数量位居全球第二，仅次于美国农业部农业研究中心（USDA-ARS），其中旱区逆境生物学国家重点实验室苹果逆境生物学团队的论文发表量位于全球第一。建立完善了"肥水膜"一体化的旱区苹果园水肥高效利用技术，在我国旱区苹果园已经被广泛使用；制定了大苗培育技术规程和矮砧栽培技术方案，矮砧集约高效栽培成为灌区苹果发展的新模式；研发了旱区老果园提质增效技术，旱区苹果逆境生物学达到国际领先水平。2012 年以来获发明专利 7 项，审定苹果品种 6 个，出版著作 6 部。同时，学校建立了开放的、先进的研究平台，如旱区作物逆境生物学国家重点实验室、国家苹果改良中心杨凌分中心等。

2010 年 11 月，一位戴着眼镜、身着西装的中国农民代表走上美国哈佛大学讲坛，为哈佛师生和国际友人作了《科学务果改变我的生活》专题演讲。他就是依靠西北农林科技大学专家从改造 6.4 亩乔化低效果园起步，科技致富，成为一批乡土专家和果业致富明星典型的果农曹谢虎，他书写了从传统农民向现代职业果农转变的传奇。如今，作为高级农民技师的曹谢虎，经营项目已涉及农资、育苗、果园生产、果品贮藏等多个方面，年纯收入超过 100 万元。

如今，陕西苹果产业规模稳居全国首位，2017 年陕西苹果种植面积 1 100 多万亩、产量 1 100 多万吨，占到中国苹果总产量的 1/4 和世界苹果总产量的 1/7；产业化水平稳步提升，陕西拥有国家级果业产业化龙头企业 11 家、省级果业龙头企业 116 家，登记注册果业合作社 1 999 家，建成全球最大的浓缩苹果汁生产加工基地；产业综合效益不断提升，2015 年陕西果业增加值 375 亿元，占全省农业增加值的 24%，44 个苹果基地县农民人均收入过万元，洛川、白水等重点县苹果收入占农民人均纯收入的75%~90%，为贫困地区农民脱贫致富发挥了重要支撑作用。

未来：突破　追求卓越

随着世界苹果产业重心向我国转移，以及我国苹果产业重心向西北旱区转移，在西北旱区特别是陕北黄土高原发展苹果产业，是一项符合科学发展要求的生态经济产业举措，对我国"精准扶贫"和"生态文明"建设以及"一带一路"倡议的实施均有重要的促进作用，西北农林科技大学苹果研究面临着前所未有的发展机遇。

为此，西北农林科技大学进一步明确了在苹果领域的目标：整合研究资源，发挥协同创新优势，以确立苹果研究世界领先地位为使命，以建设世界苹果研究中心为目标，以培育重大研究成果、培育领军人才、建设高水平团队、引领产业发展为任务，围绕苹果产前、产中、产后全产业链中存在的重大科学、技术和政策等问题开展研究，尽快取得一批重大自主创新成果，使西北农林科技大学在世界苹果科技前沿领域占有重要位置，引领中国苹果研发和产业发展。

具体路径也十分清晰：以创新型人才培养为抓手，为苹果产业升级发展提供智力支撑。人才是一个产业健康可持续发展的根本保证。进入21世纪以来，西北农林科技大学重视培养创新型人才，强化产业一线的实践能力培养，使毕业生既有扎实的理论基础，又掌握良好的实践技能和系统思维。此外，学校重视苹果产区已有技术管理队伍的再教育和产业大户的培训工作。

围绕苹果产业发展，开展多学科、多领域、多层次的科技攻关。学校将在现代苹果栽培管理技术创新和遗传改良育种及保健与功能产品开发3个方面持续用力，以问题为导向，以支撑做强做大产业为目标，通过多学科交叉融合、校企合作、校地合作，进一步研究和解决苹果矮砧集约栽培技术的落地转化和应用推广，筛选和培育出一批抗逆优质的苹果新品系，为苹果转型升级插上科技的翅膀。

科技成果示范推广和产业化是农业产业转型升级的重要保证。西北农林科技大学在国内率先探索实践以大学为依托的农业科技推广新模式，在陕西苹果、猕猴桃、核桃、板栗、红枣、甜瓜、葡萄等主导产业的核心区都建立了永久性的试验示范站。今后计划再建设 1~2 个苹果试验站，同时将结合已经建立的新农村发展研究院、陕西农业协同创新与推广联盟，有针对性地进行研究与攻关，进一步带动农业发展和农民致富。

以开放共享的新理念加强国际合作，推动陕西苹果走向世界。学校再次与康奈尔大学达成协议，共建西北农林科技大学—康奈尔苹果联合研究中心，同时建设"苹果研究院"和"国际苹果研究院"。相信这些合作平台将为苹果产业升级发展提供更加广阔的舞台。

小小一颗苹果，可以让牛顿发现物理世界中隐藏着的科学规律，可以让乔布斯设计出深受万千果粉喜爱的 iPhone 手机，当然也可以让西北农林科技大学为万千果农送去希望与福音！西农苹果，也必将在世界苹果舞台闪耀出自己的光芒。

（本文由笔者与张琳合作完成）

3.4　陕西枣在新疆大放异彩

导读　西北农林科技大学新疆红枣推广团队的王长柱可能也没有想到，他的团队于 20 世纪 90 年代在陕西合阳孟庄乡一户人家偶然发现的小枣，竟然能在新疆成了大气候，红遍新疆。

"根本没想到，种红枣有这么多'讲究'"。深秋时节，阿依仙古丽家的红枣在专门的品质筛选机器中，大直径孔出来的特级枣产量翻了一番。目前，她家种植的这种"七月鲜"红枣新品种在新疆推广已超过 3 万多亩。

秋日的南疆大地，成片的"七月鲜"红枣像颗颗闪耀的红玛瑙，在微风中摇曳生姿，绽放出璀璨的光芒。

在这些大枣产区，人们到处在讲述着西北农林科技大学新疆红枣推广团队如何帮助当地发展红枣产业的故事。

让新疆红枣焕发新活力

新疆红枣产量占我国大枣产量的份额超过 1/3，但也面临品种结构单一，种植效益下滑的问题。为了改变这种情况，让南疆的枣农们，尤其是少数民族兄弟姐妹们尽快种上"七月鲜"枣品种，2012

年11月，在新疆昌吉回族自治州政府和当地一些企业的协助下，西北农林科技大学新疆昌吉农业（红枣）综合试验站正式建立，同时组建起了新疆红枣推广团队，积极开展"七月鲜"等红枣新品种示范推广，并陆续在阿克苏、和田、喀什、巴州等区域建立了"七月鲜"品种示范园。

几年来，新疆红枣推广团队的王长柱、韩刚、哈丽娜等成员每年至少4个多月都在各大红枣产区奔波，尤其在红枣收获期，外出开展技术指导的任务特别繁重，大家常常顾不上吃饭，只好吃馕就水。凭着对"七月鲜"的执着热爱和对新疆人民的深厚感情，他们克服各种困难，坚持推广红枣新技术。

新疆是维吾尔族等少数民族聚集的地区，推广一个新品种、一项新技术，语言交流沟通是很大的障碍，为了解决这个棘手问题，团队专门邀请哈萨克族青年教师哈丽娜加入团队。哈丽娜向记者讲起了发生在和田地区洛浦县拜什托格拉克乡6队，维吾尔族红枣种植户阿依仙古丽·托乎提家红枣地的一幕：2015年春，团队一行来到阿依仙古丽家，看到她按照当地传统种植模式栽种红枣已经7年，但是由于不懂技术，效益低下。在哈丽娜的翻译下，王长柱不厌其烦地从修剪、施肥、病虫害防治等方面进行了详细指导。2015年秋，阿依仙古丽家的红枣喜获丰收。

托合提·伊斯马伊力是喀什英吾斯坦乡有名的"红枣大王"，他有三个女儿，大女儿在一所大学上学，因为家里种红枣，所以一直很关注红枣栽培技术，通过网络看到了西北农林科技大学红枣团队的事迹，便与哈丽娜取得联系。有一次得知团队就在邻村种植示范户进行指导时，托合提骑摩托车跑了10千米，邀请专家去他家的枣园看一看。虽然他家没有种植"七月鲜"，但团队的老师从生产管理、肥料指导等方面给这个枣农大户进行了多次专业培训，教会了他更先进的栽培技术，他家的红枣品质也越来越好。他坚定地表示要把二儿子和三女儿也送到内地读中学，将来还要孩子上西北农林科技大学，就学红枣种植，学成后服务家乡建设。

"七月鲜"来之不易

人们大多觉得红枣不好采摘，一是体积小、数量多，二是树高长刺。收获时，百姓大多都是将雨伞或者塑料布铺在地上，然后对着枣树又是摇又是敲，最后弯下腰将掉地的枣子一一捡拾。

可是这种采摘方式在广袤的南疆红枣地却看不到，眼前只见一片片齐人或齐腰高，挂满红玛瑙般枣子的枣树，这个既省工品质又好的红枣品种就是由西北农林科技大学王长柱研究员选育的"七月鲜"。

说起这个品种的选育过程，王长柱回忆说："20 世纪 90 年代，在陕西合阳孟庄乡偶然发现当地一户人家的枣口感好、核小、肉多、味甜。摘下几颗，味道果然不凡。"

第二年开春，王长柱又找到那棵枣树，接穗条，在富平、高陵等地进行区位试验，经过 7 年推广研究，终于在 2003 年通过了陕西省审定。

省审顺利通过后，王长柱开始在江苏射阳、云南宾居、内蒙古通辽、新疆呼图壁等祖国大江南北开始了长达 10 年的广泛区位试验，好的品种加上好的技术，产生了极佳的效益，最终在 2013 年通过国家新品种审定。因为是农历七月成熟的早熟品种，王长柱给它起了个好听的名字"七月鲜"。

其实新品种选育也充满艰辛。王长柱至今还清楚地记得，省审通过后，在陕北进行栽培试验时，枣树病害十分严重，经过反复观察、试验、比对并与植保专家的交流学习，终于发现是自己把细菌性病害和真菌性病害混淆了，所以两种病的药虽然只差"一味"，但结果差之千里。找到病症后，坏果率从40%降至5%。

王长柱说："品种选育工作就像老中医看病，一定要多多地望闻问切，才能总结出经验和体会，一定要有积累，这是做不了假的。"继"七月鲜"成功培育后，王长柱乘胜追击，又在2005年、2008年培育出省审品种"阎良脆枣"和"蜜罐新一号"。

筑牢我国红枣国际地位

西北农林科技大学红枣首席专家李新岗教授说，枣是我国最具代表性的民族果树之一，至今已有3 000多年的栽培历史。早在远古时代，枣就与桃、杏、李、栗一起并称为我国的"五果"。几千年来，枣树一直长盛不衰，并深深融入了中华民族的药食文化和风俗习惯之中。枣，色泽优美，香甜可口，民间流传"一天三个枣、红颜不显老"的谚语，就充分说明其有极高营养价值。枣含有丰富的氨基酸、矿物质、维生素，比如维生素C平均含量为8.7毫克/100克，鲜枣中维生素C含量更高，约为250毫克/100克，是苹果的70倍、香蕉的60倍、猕猴桃的10倍，因而枣果被我国营养界誉为"天然维生素丸"。红枣中的铁含量为6.39毫克/100克，远高于苹果、葡萄，所以是补血补铁的上乘选择。

枣果药用保健价值高，具有抗癌、抗氧化、延缓衰老、护肝养脾、抗菌消炎、防治心脑血管疾病、镇静安神、护肤美容、提高免疫力的功效，甚至还有能防治小儿腹泻和排铅的多重功效，是集营养和医疗保健于一体的优质滋补果品。

我国拥有全世界近99%的枣树种植面积和产量，并占有全球100%的枣产品国际贸易市场。

红枣大致可分为干食、鲜食、制干鲜食兼用和蜜枣品种4类。目前，我国利用红枣为主要原料的加工品有近100个品种，大体分为7种类型：果脯蜜饯类、酥脆焦枣类、饮料冲剂类、休闲糕片类、发酵酿制类、提取加工类、果酱类。

红枣是我国特有的优势干果品种资源，我国也是红枣原料和产品的独家生产供应国，在世界贸易中占绝对主导地位。红枣中含有丰富的营养和生物活性成分，有很高的营养价值和独特的保健功能。近年来，随着对红枣功能部分及其保健作用的深入研究和不断宣传，越来越多的消费者逐渐认识到红枣及其加工产品的营养保健作用。因此，无论在国内还是国际市场，红枣产品都有广阔的贸易发展空间。

干枣由于在食用时皮渣太大而带来口感问题，加上西方国家的人没有食用习惯，因此销售市场主要在国内以及其他国家的华人聚集区。随着技术进步和加工工艺的不断完善，全方位、多层次开发的红枣深加工产品以及具有特定功能的保健产品，既保存了红枣的营养和功能特性，又可使产品的口感得到很大改善，因此其将逐渐显示出日益明显的产品优势和广阔的市场前景。

让新疆红枣在"一带一路"上结出更丰硕的果实

有了好的品种，推广出去才是硬道理。王长柱将"七月鲜"品种的特性写成文章，发表在《中国果树》《西北园艺》等老百姓喜闻乐见的科普杂志上，"20世纪90年代，电话、手机还不普及，我收到要枣树苗的信件至少有3000封，每天都有写给我的信。"对于那时拆信拆到手软的感觉，王长柱充满自豪。

在广泛的区位试验中，王长柱发现，"七月鲜"具有果型大、品质优、丰产稳产、抗逆性强等优点，在南疆最能充分发挥作用，可以鲜干兼用。于是，王长柱把重点转移到南疆地区。

阿克苏是新疆建设兵团第一师二团所在地，有种植红枣的传统。从四川来到兵团十五连的职工李世海在这里已经生活了20年，他操着一口四川话告诉记者："我种红枣几十年，一直是'骏枣'和'灰枣'两个当地品种，直到2014年，团里推荐'七月鲜'，去年干枣每千克16元，而骏枣才8元。"

"专家太操心了，从修剪、施肥、病虫防治等大大小小的事情，都替我们考虑了。只要在阿克苏，几乎天天到我们地里，有事随时找专家，说不清的，拍照请专家诊断。"李世海的妻子张忠芳兴奋地告诉记者："去年我们20亩地的红枣卖了6万多元，今年收入估计能翻倍。"张忠芳激动得合不拢嘴。

兵团技术员杨灿告诉记者："'七月鲜'特级、一级、二级的果子能达到80%以上，骏枣虽然产量高，但各级别只能达到40%~50%。而且'七月鲜'枣制干后，皮薄、肉细、口感香甜。"

"和老师们在一起学了很多。年底收获时，西北农林科技大学的专家还帮忙和客商联系，现在很多兵团职工都准备砍下原来的品种，改接'七月鲜'呢。"杨灿乐呵呵地告诉记者。

"好东西、好理念要成为农民土地里高附加值的产品，就需要科学家和社会共同努力，尤其在少数民族地区。"昌吉现代农业试验示范站企业合作方总经理宋秀宁说，自己就是从西北农林科技大学走出去的校友，对学校怀有深厚的感情，所以从合作开始，就倾注了很大精力，提供土地并协作学校开展工作，目前试验站已经建成"七月鲜"原种采穗圃200亩，每年可提供优质"七月鲜"接穗300万支。他表示，公司将继续协助学校红枣团队进一步对采穗圃进行改造，扩大规模，推出更多新品种。

试验站站长韩刚就是新疆人，从小在新疆生活，对这片土地有着深厚的感情，现在又回来为家乡服务。"我能深深感到少数民族的兄弟姐妹对知识、技术的渴望，我们一定要让'七月鲜'在新疆广阔的大地生根开花！"韩刚坚定地说道。

西北农林科技大学红枣首席专家李新岗教授表示，现在团队正在与吉尔吉斯斯坦的企业开始初步合作，未来，团队将为"一带一路"的经济发展贡献更多科技力量，努力为现代红枣产业发展做好科技支撑与服务工作。

"扎根边疆，服务三农"是西北农林科技大学坚持了几十年的传统。为了"七月鲜"尽快造福新疆各族群众，红枣团队秉承艰苦奋斗、自力更生、无私奉献、顽强拼搏的军垦精神。王长柱已从一个毛头小伙子熬成了一位60多岁的老专家；韩刚从一介帅气英俊的书生晒成了皮肤黝黑的新疆汉子；哈丽娜也从一位年轻美丽的哈萨克族姑娘成长为能在地里拨弄红枣的技术能手。

人们有理由相信，有这样一批专家教授团队，新疆的红枣一定会在"一带一路"沿线国家结出更丰硕的果实。

（本文由笔者与杨远远合作完成）

3.5 果园柴火变成美食

导读 ┃ 果园里修剪下来的枝杈当柴火烧掉，是再平常不过的事情。中国农业大学的专家却化腐朽为神奇，把这些废弃物变成具有极高保健价值的美食，值得我们深思。

北京农业嘉年华带火了栗蘑宴

2016 年举办的第四届北京农业嘉年华"三馆两园一带一谷"七大功能板块中，新增的"一谷"就是昌平延寿生态观光谷。没想到这个生态观光谷竟吸引了大量市民前来观光采摘，带"火"了当地最有特色的栗蘑宴。

您更想不到的是，这种栗蘑是用修剪下来废弃的板栗枝杈作原料长起来的。近年来，延寿镇在北京市科协、中国农业大学等部门的帮助下，发展起了栗蘑产业，共有黑山寨、慈悲峪等 13 个村约上百户种植栗蘑，年产量达 60 万千克。

然而，随着栗蘑产量的增长，如何提升栗蘑附加值、拓宽市场等问题陆续出现。"过去，农户种植栗蘑大多以采摘和零售为主，市民对栗蘑的认知度不高，销量上不去。"北京海疆栗蘑产销专业合作社社长张海疆说。

2014 年，昌平区科协邀请烹饪大师孙立新来到延寿镇，研发出以栗蘑为主料的 40 余道菜品，搬上了农家院餐桌，受到游客的青睐。

在延寿镇，栗蘑小炒肉、栗蘑脆脆骨、鱼香栗蘑丝……每一道以栗蘑为主料的菜品，包括萝卜、豆角等配菜，均直接取自当地农家菜园子。在制作过程中，民俗户们摒弃了以往软炸、清炒的传统方式，加入了创意元素，栗蘑宴变得越来越有特色。"自从农业嘉年华加入'一谷'板块后，来延寿镇旅游的人越来越多。一些来嘉年华游玩的游客，转而又来到延寿镇。"张海疆说，如今，游客来延寿镇大都奔着栗蘑宴来的，在民俗院里品尝农家特色栗蘑宴，再采摘一些栗蘑。种植户靠着这栗蘑宴，一栋大棚每年能收入 3 万~4 万元。

如今，在昌平区延寿镇，出了名的土特产除了板栗，就是不得不提的栗蘑。在昌平农产品店里，栗蘑一直都是这里的明星产品。店员介绍道：这个栗蘑是我们自己种的，吃起来特别得好，泡发 20 分钟以后可以炸着吃、炖着吃、炒着吃。不仅受到中老年人的喜爱，连许多不喜欢吃蘑菇的小朋友也喜欢上了，油炸过之后口感像薯条，但是比薯条有营养多啦。

在延寿镇随便走走，到处都能看到栗蘑。栗蘑已经成为当地百姓餐桌上的必备菜品，无论是煎炒烹炸，还是做馅儿包饺子、包包子，口感好，全家都爱吃。张海疆说，栗蘑是黑山寨的方言，学名叫灰树花，栗蘑在膳食纤维、多糖以及维生素的含量等方面比其他菌类高出很多。

时任昌平区科协秘书长的甄燕昌告诉记者，接下来他们还将组织更多的专家和美食家，针对栗蘑推出更多种营养美味的菜肴，供市民朋友选择。昌平区科协和农委还将组织专家，专门针对栗蘑组织培训，让更多的人在享受营养的同时也尝到更多的美味。

教授牵手农民，枯枝烂叶也赚钱

栗蘑的故事得从两个人说起：张连宇和王贺祥。

张连宇是北京市昌平区长陵镇慈悲峪村村民。在当地，种植板栗是村民主要收入来源，但是那些年板栗价格偏低，每亩板栗只能收入几百元。看着满山的板栗树但赚不到钱，他都有砍掉板栗树的念头。

2006年的一天，昌平区科协通过北京市科协请来了北京食用菌协会会长、中国农业大学生物学院教授王贺祥，王教授手把手帮张连宇种起了一种以前没见过的新鲜蘑菇——板栗菇。

几年下来，张连宇种植板栗菇的规模不断扩大，每年能赚10多万元，还吸引了不少城里人来体验乡土风情。

王贺祥教授说，板栗菇学名叫灰树花，菇肉质柔嫩，味如鸡丝，脆似玉兰，比起"菇中之王"香菇是有过之而无不及；再者，板栗菇的培养料就地取材，用的就是修剪下的板栗枝杈和树叶，成本低又环保；还有一"新"就是种板栗菇不占半分耕地，在栗树下挖个几十厘米深的长方形沟，沟上再搭个半米高的塑料棚子，袖珍菇棚就建成了。

10多年前，北京市鼓励北部山区的农民种植板栗，板栗面积最高时达到70多万亩，但随之而来的是板栗卖不出去。大量修剪下的板栗枝杈和树叶堆放在村口和田间地头，只能当柴火烧掉。

在王贺祥教授看来，农民烧掉的不是枯枝烂叶，而是大把大把的人民币啊！用板栗枝杈作原料长成的板栗菇，不仅有特殊香味，还能提高免疫力，是名副其实的保健品。精明的日本人特别喜欢吃板栗菇。

灰树花又称莲花菇、千佛菌、栗蘑，山东泰山称其为天花菌，日本称其为舞茸，食药兼用，药用价值仅次于中药灵芝。灰树花营养丰富，其营养素经中国预防医学科学院营养与食品卫生研究所和农业部质检中心检测，每100克干灰树花中含有蛋白质25.2克（其中含有人体所需氨基酸18种18.68克，其中必需基酸占45.5%）、脂肪3.2克、膳食纤维33.7克、碳水化合物21.4克、灰分5.1克，同时富含多种有益的矿物质及维生素，所含有的多种营养素居各种食用菌之首。其中维生素 B_1 和维生素 E 含量比其他食用菌高10~20倍，维生素 C 含量是其同类的3~5倍，蛋白质和氨基酸是香菇的2倍。因此，灰树花被人们赞誉为"食用菌王子"和"华北人参"。

据报道，第二次世界大战时日本广岛、长崎同时遭受原子弹袭击，被核辐射感染的当地日本人患上了"原子弹后遗症"，日本开始秘密研究，期望找到能缓解后遗症的药物。

据说日本科学家首先瞄上了中国的仙草灵芝，然而对于强烈的原子弹级辐射，灵芝的效果也不明显。于是他们又寄希望于广岛被原子弹袭击后依然盛产的松茸，期望有所突破，结果还是令人失望。专家组又对上百种具有药用价值作用的真菌做了严格的对比试验，终于发现百年宫廷贡品、深山野生菌灰树花，各项指标和功能都表现得很好，灰树花于是在日本广岛、长崎大量使用。

近50年中，日本对灰树花的研究不断深入，经过上万次的临床治疗试验，验证了灰树花的效果。由于灰树花能迅速有效修复人体免疫系统，提高免疫力，灰树花在日本医学界被称为"免疫之王"，也有人将灰树花称为日本人"原子弹时代的解药"。

"一定要把北京的栗蘑发展起来！"2009年，被聘为北京市科协"科技套餐配送工程"专家组组长的王贺祥教授，借鉴昌平区板栗菇种植经验，开始向怀柔和密云等地大面积推广"山区栗蘑林下仿生态种植技术"。王贺祥走村串乡，深入田间地头，一脚水一脚泥，给当地农民上课讲解种植栗蘑的理论知识，再手把手教农民实践操作。这一新技术目前在北京推广150万袋，为农民增收累计800多万元（图3-1）。

"只要我的技术能够让农民实现增收，我比什么都高兴。"王贺祥教授说。

图 3-1 板栗树下种栗蘑

用农民专业合作社带动栗蘑产业做大做强

栗蘑产业要做大做强，光靠一家一户可不行。2012 年 10 月，黑山寨村村民韩玉清、张海疆等人发起并组织成立了北京海疆栗蘑产销专业合作社，目前已经发展社员 120 户，注册资金 101.16 万元，主要经营菌袋生产、栗蘑种植与销售。

2014 年，合作社成员套种栗蘑 96 万袋，产鲜栗蘑 30 万千克，总计销售额约为 800 万元，实现利润近 300 万元，合作社成员户均增加收入 15 000 元；2015 年种植栗蘑 140 万棒，总收入 1 000 万元。张海疆说，2016 年在 2015 年的基础上再增加 50%，种植栗蘑增加到 210 万棒，总收入在 2 100 万元左右。

农民专业合作社不断开拓创新，2013年举办农民田间学校，成为北京市5所示范学校之一，累计开课10次，培训达800人次。邀请中国首席食用菌专家王贺祥教授指导试验栗蘑种植。并与北京市农业技术推广站试验种植不同菌种、不同营养料的栗蘑菌棒，共计14个品种，取得了良好的实验成果。

2013年年底，合作社还首次试种栗蘑反季节栽培并获得成功，让北京市民第一次吃到了反季节种植的栗蘑。

2014年，合作社还先后与北京市科协、九三学社、北京市委等举办了"延寿镇燕山红栗蘑烹饪研讨会"及"昌平延寿栗蘑烹饪汇报会"，被多家媒体采访报道。

2015年，合作社建成栗蘑菌棒厂，年产菌棒量100万棒。2017年建立栗蘑加工厂，将自己生产的栗蘑进行深加工成栗蘑酱及其他的栗蘑制品，实现栗蘑从田间到餐桌的全产业链服务。

那么，如何保证栗蘑不断档？合作社为此制定了一张错峰种植时间表，从6月初栗蘑采摘季开始到10月份，大家到延寿镇海疆栗蘑产销专业合作社采摘、订购栗蘑时，不用担心两茬之间的断档期。原来，谁家先种、谁家后种，排队来。不仅种时不再提价抢雇工，采收期也相互错开，既避免了收获高峰时大家彼此压价抢售，也保证了栗蘑的稳量上市，为社员赢得了更多固定的大客户。

笔者在栗树林下看到，每排栗蘑的头顶棚前都插着一张标签，上面写着：由此往东50个棚，4月15日种。掀开栗蘑棚塑料膜，一簇簇栗蘑长势正好。顺着这顶栗蘑棚往东走，每棚内的栗蘑大小与第一个棚基本一致。

"这张标签标注的是此排栗蘑的种植时间，越往后排走，标注的时间越往后，蘑菇越小。"张海疆告诉记者，今年，全社共有21户社员参加了排队错峰种栗蘑计划，种植户们按种植规模分组错时种植，同时，每组按每 10 天一个周期种栗蘑，每周期种植 5 000 棒菌棒。

"举例说，我家的头茬菇是在 4 月 5 日种植的，之后我又分别在 4 月 15 日、4 月 25 日……共种植了 8 批。"张海疆说，当地不少村民都种植栗蘑，在没有实行错峰种植时，大家几乎都在同一个时间种栗蘑。如果是大户，家里的两三个人根本忙不过来，就只能雇工。但因为大家都在同一时间段雇工，即使用比平时多出几十元的工钱也不见得能抢到一个小工。现在，大家每次只需要种 5 000 棒菌棒，夫妻俩就能完成。同样，种植时间段拉长了，出菇时间段也拉长了，不再有采摘高峰期和低谷期，大家也不再需要一窝蜂地抢小工收蘑菇了。

据张海疆介绍，实行错峰种植后，不少客户找上门来要求签订长期供货合同，现在他们合作社每周仅通过这些固定客户就能售出 1 000 多千克的鲜蘑。而由于不需要压价销售，今年鲜栗蘑售价从每 500 克 12 元涨到了每 500 克 15 元，干蘑更是卖到了每 500 克 150 元。参加排队错峰种菇的社员户均增收 1 000 多元。

张海疆表示，尽管栗蘑营养价值高，但目前种植面积小，未来 3 年准备种植 1 000 万棒。大部分栗蘑种植在黑山寨地区。我们要抓住先机，打造黑山寨自己的栗蘑品牌。与北京昌平黑山寨栗蘑种植协会交流学习先进的种植管理技术，努力提高合作社成员的种植技术，保障栗蘑的质量，注重产品包装，拓宽销售渠道，提升产品档次。

北京海疆栗蘑产销专业合作社的成功经验也引起领导重视。2015 年 4 月 21 日，九三学社中央副主席、农业部副部长张桃林就北京市农业农村发展情况进行调研，他首先来到昌平区延寿镇黑山寨北京海疆栗蘑产销专业合作社考察，对合作社的探索给予肯定和鼓励，张桃林希望"延寿谷"的项目可以继续发挥九三社员科技优势，延长山村板栗产业链，助推沟域经济循环发展，开展科技助农活动，力争成为全国的示范基地。

3.6 稻桩何以"梅开二度"

导读 | 收割完水稻，剩下的稻桩或者一把火烧掉，或者翻入地里沤肥。华中农业大学的教授们却硬让稻桩再产一季稻米，品质还挺好。这可能吗？

收割完水稻，剩下的稻桩似乎没有用处，或者一把火烧掉，或者翻入地里沤肥。其实，稻桩还蕴藏着顽强的生命力，可以再生。在头季水稻收割后，采取一定的栽培管理措施，稻桩重新发苗、长穗和开花结实，可以再收获第二季，这种水稻被称为再生稻，也称"一种两收"。这一模式实现稻田一次耕整、育秧和栽插，收获两季稻谷，具有省工、省种、省水、省肥、省药、省秧田等诸多优势。

再生稻，还可以为粮食增产出把力

每年9月份，我国大部分稻谷都已收割完毕，但在荆楚大地仍然可以看到水稻。远远看去，黄绿条纹相间。仔细一瞧，金黄色的是成熟的水稻，但株型比普通中稻矮，绿色的稻株则是成熟晚些的稻穗。这就是再生稻田。

再生稻是水稻的一种种植模式，在我国有着悠久的种植历史，可以追溯到 1 700 年前。其特点是在一季稻成熟之后，大约只割下稻株的上 2/3 的部位，收取稻穗，留下下面的 1/3 植株和根系，施肥和培育，让其再长出一季稻子。

第一季水稻成熟的时候会有一些腋芽，第一季收割之后它们得到保留，在原有根系的基础上，这批腋芽再次生长、抽穗，大约 2 个月后它们再次成熟，可以收割。通常第二季稻的颗粒要比第一季小一些，但是稻穗数要比一季的多（原来的一棵稻穗割完的地方一般会长出 2 棵以上的穗），因而产量也不少。两季总计通常比一季稻的产量增加 50%（福建省尤溪县近些年的数据是每年种植再生稻近 10 万亩，头季平均亩产 600 千克，再生季平均亩产 300 千克），对粮食增产有重要意义。

适合种植再生稻的地区主要是那些阳光和热量不够种植双季稻，但是种植一季稻又有余的地区。由于在原有的根系上再次生长，相当于省去了二季稻种植地区从收割完第一季稻到第二季稻生长中期的这段时间（因此它叫再生稻，而不是双季稻）。这样，这些能量一季有余的地区就可以种再生稻，从而增加产量。统计表明，我国种植水稻的面积约为 3.7 亿亩，其中有 5 000 万亩的地区适合推广再生稻。目前，我国许多地区如四川、重庆、福建、湖北、湖南都有大面积的再生稻种植。按照前述福建的数据来计算的话，如果 5 000 万亩适合推广再生稻的地区都种植再生稻，我国每年可增产稻谷 1 500 万吨。因此，发展再生稻是确保我国未来粮食安全的一个重要举措。

然而，传统再生稻生产头季需要人力收割，费时费力，而头季采用机收由于碾压伤茬而影响再生芽的生长，再生季产量低。为解决这一技术瓶颈，自 2008 年起，由华中农业大学牵头，国家千人计划特聘专家、长江学者彭少兵博士和黄见良教授联合湖北省相关单位开展了一系列攻关研究，并在黄冈市蕲春县等地建立了示范基地。通过 9 年努力，已经创建了适于头季机收的"一种两收"丰产高效栽培技术模式，让再生稻为粮食生产再加力。专家组在黄冈市蕲春县对湖北省水稻"一种两收"丰产高效栽培技术示范区进行验收，经现场测产，水稻"一种两收"全程机械化大面积示范区平均周年产量达到了每亩1 030千克。

蕲春县八里湖办事处余赛大队种植户龚新福种植的再生稻田块，被专家组随机抽取为测定田块，现场测产表明，再生季亩产达到424.4千克。"全程都是机械化，二茬能到这个产量很满意，头季有600多千克，这样1亩田就是1吨粮啊！"55岁的龚新福高兴地说，他种了65亩田，其中42亩是再生稻。

龚新福算了一笔账，与同样收两季的双季稻相比，再生稻不仅少一次耕地，省一季种子，还能少施肥和基本不施农药，秸秆也不用烧，更重要的是省工，他们老两口空出时间可以去经营稻田养虾等，年收入比儿子在城里务工赚得还多。"再生稻品质好，还比头季稻好吃呢。"龚新福悄悄地说，现在农村缺少劳动力，再生稻很受村民们的欢迎。

华中农业大学植物科学技术学院黄见良教授说，湖北蕲春、洪湖、沙洋等地是"一种两收"技术应用的典型区域，比单种一季中稻亩均增收600~800元，可在长江流域适宜稻区广泛种植。

参加测产的专家认为，湖北省生态气候、土壤以及水资源条件符合再生稻生产，是我国再生稻发展的优势区域，全省适合再生稻的种植面积高达800多万亩，如果湖北能推广350万亩再生稻，仅此一项就可增产稻谷8.75亿千克，每年增收20亿元以上。

彭少兵教授表示，"再生稻的产量和品质还有提升空间，也符合目前农村的实际，容易被农民接受，如果能在全国逐步推广，将对保障粮食稳定增产，提高种粮效益具有积极意义。"

再生稻，还要越过几道技术门槛

彭少兵教授说，头季机械化收割可以省时省力，提高生产效益。但是，蕲春县赤东镇和洪湖市沙口镇两地的试验数据却显示，头季人工收割处理的再生季平均出芽率明显高于机械收割，机械收割未碾压部分出芽数为人工收割的 71.8%，碾压部分出芽数仅为人工收割的 25.4%；机械收获比人工收获有效穗数降低 22.6%~50.9%，减产 23.4%~41.9%。

"主要原因有二，其一，头季机械收割碾压显著降低再生蘖的萌发；其二，再生稻全程机械化生产中农机与农艺相结合的栽培技术研究滞后，我们正在研究优化的水分管理以减小机械碾压造成的再生季产量损失。"彭少兵表示，"试验还表明，高留桩条件下倒 2、倒 3 节位再生芽成穗对再生季产量的贡献率为 94%，收获时保护好高节位芽是高产的关键。建议留茬高度保留倒 2 叶叶枕，对于大多数品种来说，对应的留茬高度约为 40 厘米。"

可见，头季稻人工收割可增加再生稻产量，但成本高，而普通收割机的机收又会影响再生季产量。减少碾压毁蔸是技术关键，因此再生稻专用收割机研发刻不容缓。目前，华中农业大学研发的再生稻专用收割机已初步成型。

彭少兵表示，除了头季机收碾压外，再生稻的大面积生产还存在下列瓶颈：

一是适于机械化生产、高产优质多抗且再生力强的品种不多，农民在应用机收再生稻技术时，大多随意选择品种，常常有品种再生力不强，产量不高。

二是催芽育秧技术、头季稻播期和大田栽插密度的掌握及头季机械收获等相关技术没能落实到位。

三是头季机收模式下施肥和灌水如何相应地调整等缺乏技术指导。

四是排灌不方便，农田水利条件普遍较差，灌溉水缺少保障。

五是品牌和产业开发还不配套也是一大制约因素。从再生稻的全产业链来看，产业开发没有跟上，品牌创建乏力，企业带动力不强，适合中高档消费的绿色再生稻米宣传营销还不够。

六是有部分地方没有把再生稻作为一季粮食纳入统计，各项措施特别是投入跟不上，还抱着有收就收、无收就丢的态度，没有真正当一季庄稼种。

彭少兵对此建议，大力开展机收再生稻品种的筛选及换代研究工作，尤其注重产量潜力、头季抗倒、抗稻瘟病的品种培育，并探索相应的栽培技术。

再生稻，前景仍然广阔

2016 年农业部出台的《全国种植业结构调整规划（2016—2020 年）》提出，在长江中下游地区、华南地区因地制宜发展再生稻，在西南地区发展再生稻。这个规划显示，再生稻发展前景仍然广阔。

以湖北省为例，近年来，在各级农业部门的重视、推广下，经过湖北现代农业产业技术体系水稻"一种两收"创新团队和广大农民的共同努力，湖北省再生稻面积从 2013 年的 44.7 万亩增至 2017 年的 230 万亩，一批有市场发展潜力的再生稻米品牌正在异军突起。

在当前农民种粮意愿不强的情况下，再生稻何以在湖北实现"逆袭"？"机收再生稻高产高效集成技术应用示范"项目负责人、华中农业大学植物科学技术学院教授彭少兵表示："在保证粮食安全的同时，创新和推广新型丰产高效粮食种植模式，更加突出农产品的市场竞争力、促进农民增收，保护农业生态环境是大势所趋。"彭少兵认为，机收再生稻顺应了这一趋势。

与湖北省流行的双季稻、中稻等生产模式相比，机收再生稻有哪些独特优势？专家们总结为"三高二好四省"：通过在蕲春、洪湖、江陵、沙洋、监利、浠水等县（市）的大面积示范，再生稻显示出投入产出率高、劳动效率高、经济效益高，稻米品质好、市场前景好，省工、省种、省肥、省秧田等特点，有着良好的经济效益、商品价值和生态效益。

专家解释说："机收再生稻技术立足机械化生产，种一次收两次，只需要一季种子，一次耕整地，因而比双季稻节本省工。由于这一模式的比较效益突出，能保证在增产的前提下真正增收，在推广中很受农民欢迎。"

测产结果显示，该项技术的大面积示范区两季粮食亩产超过1 000 千克，示范区每亩比双季稻生产可增收 800 元以上。

专家估算，目前部分产区依托再生稻建设优质米品牌，产量可与双季稻相当，价格比普通稻谷每千克高 0.4 元左右，比中稻模式每亩可增收 300 元以上，比双季稻每亩增收 600 元以上。

此外，机收再生稻的推广有利于农药化肥减量施用，助力生态农业建设。彭少兵说："生产中再生季只施用氮肥 1~2 次，基本不用农药，所需要的农药、化肥用量以及能耗比其他生产模式显著降低。"

通过在蕲春县、洪湖市、团风县、鄂州市、孝感市孝南区、黄冈农业科学院、咸宁农业科学院等 7 个试验点多点联合试验，再生稻研究团队筛选出两优 6326、丰两优香 1 号、天两优 616、C 两优华占、广两优 476、新两优 223、新两优 6 号、天优华占、Y 两优 1 号、准两优 527、甬优 4949、黄华占 12 个高产优质、生育期适宜、抗病抗倒伏能力强、再生力强的适宜品种。专家们建议在 3 月 10~25 日前后播种，秧龄控制在 30 天以内，推荐密度为每亩约 1.6 万蔸，争取立秋收割头季，确保为再生稻生长争取季节和时间。

经过研究，从品种筛选、田间管理、收割等全生产环节，项目已初步制定出比较完善的技术规程。水肥药科学管理是再生稻栽培的重点，应注意头季浅水分蘖、提早晒田、有水孕穗，收获时保持田块干硬减少碾压毁蔸，即前期浅水促蘖、中后期干湿交替。

施肥方面，专家们提出，头季控氮（每亩 12 千克以内）增钾（每亩 10 千克，重在防病）；注意氮肥后移，根据苗情适量施穗肥；施好促芽肥和提苗肥，促芽肥在头季收割前 15 天左右施用，亩施尿素 7.5 千克和钾肥 5 千克左右，提苗肥在头季收后 2~3 天内早施，亩施尿素 7.5~10 千克。此外，还应注意头季病虫害统防统治。

蕲春县在再生稻种植中积累了丰富的经验，归纳起来主要是"十抓"：抓适宜品种、抓尽早播栽（一般播期安排在 3 月 20~25 日前后，头季稻能在 8 月上旬成熟收割最为有利）、抓合理密植、抓水肥管理（施用促芽肥较提苗肥更重要）、抓综合植保、抓全程机械化、抓示范带动、抓综合攻关、抓宣传推广、抓政策扶持（通过整合相关项目，从落实专人专班服务指导、开展农民技术培训、落实物化补贴多方面支持再生稻发展，每年投入扶持资金 200 万元以上）。

"产量高、米质优，风险低、效益好，再生季病虫害轻，基本不施农药。"彭少兵表示："绿色再生稻，完全可以成为湖北农业又一张新名片。"

据悉，湖北省正在适度扩大再生稻面积，推进产业化开发，并把品质和效益放在研发的首位，在第二季的时候做到少施肥，基本不施农药。同时，紧紧依靠科技进步，进一步规范技术模式，实行全程机械化，加快专用品种的选育和推广。普及适度密植、高留茬等增穗技术，加强促芽肥等关键技术的应用，提高再生季有效穗数，研究解决机收等技术瓶颈，努力提高单产。大力开展"油菜（肥用、菜用、饲用）＋中稻＋再生稻"高产高效种植模式、收获模式等配套技术研究和推广。结合高产创建活动，建立一批"油菜（肥用、菜用、饲用）＋中稻＋再生稻"万亩示范片。创建村级百亩示范方、乡级千亩示范片，示范带动大面积均衡增产。

目前，湖北省已在黄冈、荆州等地制定了促进再生稻发展的措施，要继续研究支持再生稻生产的政策保障、物质保障和技术保障。加强与统计部门的衔接，把再生稻和早、晚稻同等对待。

相信在农业部门、科学家以及广大农民的齐心努力下，再生稻一定会再创辉煌，为粮食安全再立新功。

3.7 土地里种"柴油"

导读 地里种粮、种菜、种树、种草等，都是再平常不过的事。如果有人说，地里还能种出"柴油"，您敢相信吗？不与林争地，不与人争粮，在高科技帮助下农民地里开种"柴油"。

"面朝黄土背朝天"是对传统农业的写照。如今，云南省部分农民开始用高科技手段种植生物柴油，迈上现代农业的康庄大道。

"种啥好？种啥才能赚钱？"这是每一个农民都十分关注的大问题。面对全球日益上涨的石油价格，开发生物质能源越来越受到人们的关注。

云南神宇新能源有限公司经过缜密调查，引导农民种植小桐子，用来榨取生物柴油，既满足市场对能源的需求，又带动农民增收。他们的理由很充分：目前，全世界已经有40个国家在计划种植小桐子，并致力于推进小桐子生物柴油的商业化。小桐子正成为一种重要的战略性生物能源资源。

"种柴油挣钱固然好，可是挤占了粮食怎么办？"神宇公司强调"不与林争地，不与人争粮"，在干热河谷地区发展小桐子产业，以"企业投资建设的工业化种植场"模式，进行种苗选育、种植管护等原料基地建设，组建相应加工厂。

神宇项目团队从 1999 年就开始针对小桐子生物能源产业发展进行了大量的研究。他们承担了国家发改委高科技产业化工程生物质专项和科技部科技支撑计划项目，与 12 家科研单位结成战略伙伴关系，从基因工程、蛋白质工程、育苗工程和种植工程等方面入手，高起点研究开发小桐子生物能源产业化系列技术，目前已经有 11 项专利申请得到国家知识产权局的受理。

2008 年年初，项目团队已在云南楚雄、临沧、曲靖、文山等地完成种植 30 万亩，为地方增加了数十万亩林地，这批小桐子达到盛果期后，按照 3 吨种子生产 1 吨油来计算，每吨油的种子原料成本约 4 500 元，如果算上可作为活性炭原料的种壳和饼粕的利用价值，可以将每吨生物柴油的成本控制在一个合适的价位，能被市场普遍接受，增强政府和企业开发生物柴油的信心。

3.8 矮败小麦成为良种加工厂

导读 小麦要高产，品种是关键。如果在育种的同时，能研究成功一个快速育种的良种加工厂和孵化器，小麦育种将会产生革命性变化，为粮食安全提供强大科技支撑。

我国小麦育种技术获重大突破，矮败小麦创制与高效育种技术达到国际领先水平

由中国农业科学院作物科学研究所刘秉华研究员率领的课题组历经近 10 年的不懈努力，完成的"矮败小麦创制与高效育种技术新体系建立"研究项目年已通过农业部主持的成果鉴定。由李振声、庄巧生、刘大钧、董玉琛院士等著名专家组成的鉴定委员会听取了技术报告，审阅了相关资料，经质疑、讨论和综合评议，一致认为该成果属国际首创，达到国际领先水平。

小麦是我国的第二大粮食作物，常年种植面积约 4 亿亩左右，年产量占全国粮食产量的 22%。据测算，在提高单产的诸多因素中，良种因素占 30%。但是，小麦的育种却是一件十分辛苦的工作，而且周期较长。从 1985 年起，中国农业科学院刘秉华研究员率领的课题组开始了艰难的探索，课题组以太谷核不育小麦为受体、矮变一号为矮秆标记供体，从杂交后代群体中筛选到矮败小麦。矮败小麦接受其他品种花粉后，其下一代的矮秆株为雄性不育，非矮秆株为雄性可育，

二者极易辨认；雄性败育彻底，不育性稳定，异交结实率高，是开展轮回选择育种的理想工具。这个独特的小麦遗传资源属国际首创。

专家们形象地说，矮败小麦不是一个具体的品种，而是一个育种工具，它就像一个良种加工厂、孵化器，育种材料通过它可以源源不断地培育出满足不同需求的新品种，实际上是为小麦育种研究提供了一个先进成熟的技术平台，适合在全国任何地方应用。

目前，矮败小麦改良群体的遗传构成得到了显著改进，其产量、品质、抗病性、株型等性状都得到较大幅度提高，群体内每个可育株都相当于常规杂交育种的一个复合杂交组合，数量大，类型多，性状整体水平高，从中选育出优良品种的概率明显增加，可以源源不断地创造出新种质和满足不同需求的新品种。

通过进行轮回选择育种，课题组已选育出轮选981、轮选987、轮选201等小麦新品种及一批新品系，其中轮选987在参加国家小麦区域试验的北部冬麦区区试中，产量都名列第一，比主栽品种（京冬8号、京411）平均增产13.6%。该品种株高85厘米，抗倒伏力强，抗白粉病和条锈病，成熟落黄好，已于2003年通过国家审定。在2002—2003年度国家新品种展示（北京点）的46个参试品种中，轮选987、轮选981和轮选201分别为第一、第二、第三名。这些成果证明了该技术的可靠性和实用性。

专家们认为，该项研究创新性强，实用效果好，发展潜力大，总体上处于国际领先水平。建议尽早申请知识产权保护，在我国主产麦区建立矮败小麦轮回选择育种基地，扩大推广应用这项技术，进一步提高育种效率。

专家们同时还对建立小麦育种试验基地进行了可行性论证，认为在河南安阳等地设立试验基地不仅可行，而且十分必要，专家们一致建议农业部尽早立项，为我国小麦育种再上新台阶、提高我国小麦国际竞争力、增加农民收入等作出更大贡献。

3.9 敢让草长进果园

导读 庄稼地、果园里长了草，农民朋友肯定要抓紧时间除掉。谁能想到，如今在果园里不仅不能除草，还要种草，颠覆了我们种地的老经验，让人耳目一新。

针对我国目前部分果品质量较差、果品过剩等难题，农业部中国绿色食品发展中心向全国推广"白三叶生草覆盖技术"，并指定北京天禾绿色科技发展公司承担引种及技术服务等具体任务，以提高果品产量和品质，增强果品的竞争力。

据了解，我国的果园管理普遍采用清耕除草方法，造成果园地面裸露，不仅使土壤有机质及各种养分减少、肥力下降，而且使坡地果园形成水土流失。用白三叶对果园进行生草覆盖，能有效地增加土壤有机质和土壤肥力，保持土壤水分，提高果品的产量和质量。

据介绍，美、英、法、日、俄等发达国家早已普遍实行果园生草制度，果树行间种植多年生草。大量实验及实践表明，白三叶具有发达的根系和根瘤，每亩固定氮素5.96千克，可以减少果园氮肥施用量，增加土壤绿肥提高果品品质。

3.10 森林里种出"铁秆庄稼"

导读 庄稼是种在农田里的。那么，森林里也能种庄稼吗？当然能，森林里种出的庄稼统称为"木本粮油"，是大自然赋予人类的又一个大粮仓。汶川地震后，我听说保鲜包装的板栗在救灾中发挥了重要作用，于是想是否可以将板栗纳入国家粮食储备计划，后来采访专家写成报道，得到有关领导批示，推动了有关科研进程。

我国著名板栗专家、北京农学院植物科学技术学院院长秦岭教授近日接受采访时说，针对我国西南 5 省日益加剧的旱情，应紧急采购即食袋装板栗运往灾区，以备粮食出现短缺时救荒。秦岭教授估计，目前市场上可以采购到 10 吨左右的即食袋装板栗。她为此建议国家将板栗纳入国家粮食储备计划，作为应急物资在救灾时使用。

秦岭教授说，随着全球气候变化活跃期的到来，我国气候灾害近年处于频发状态，南方的雪灾、地震，西南的干旱，北方水涝冰雪等灾害对农业冲击很大，严重影响到受灾区人民的基本生活和社会稳定，成为制约经济社会发展的瓶颈之一。

秦岭教授说，在四川汶川"5.12"大地震发生后，第一个到达灾区并能即开即食的食品就是板栗，因为灾区一无干净水源，二无能源等做饭条件。即食板栗就成为救命食品。

其实，板栗自古以来就是"行军粮"，也是最典型的救荒作物，板栗属木本粮食，被称为"铁秆庄稼"。经测定，板栗淀粉含量达50%~70%，总糖含量15%~20%，蛋白质含量3%~5%，高于牛乳（3.0%）和酸奶（2.5%），所含必需氨基酸达到联合国粮农组织（FAO）及世界卫生组织（WHO）联合国专家委员会公布的模式谱。此外，板栗还含有丰富的维生素C和B族维生素，维生素C含量高于苹果、桃等水果，含丰富的钙、钾等。是营养较全面的食品。板栗加工产品多样，即食板栗、风干板栗等贮藏期可达2~5年，完全满足长期储备的需要。

秦岭教授说，板栗具有携带、食用方便，高能量，无污染等诸多优点，不仅可以用作救荒食品，也可以用作战备食品。必要时也可以作为国际援助食品，向发生灾难的国家提供紧急援助。

秦岭教授指出，板栗在中国分布广泛，主产区主要在山区，生产环境无污染，生产的板栗是天然无公害食品。全国目前板栗种植面积3 000万亩，产量200万~300万吨，生产潜力可达600万~1 000万吨。中国板栗产量占世界的70%以上。我国的板栗研究水平处于国际先进。北京农学院植物科技学院的板栗研究团队，在板栗领域有20余年的研究积累，通过申请竞争，于2008年成功主持召开板栗"奥运会"——第四届国际板栗大会，提高了我国板栗的声誉和知名度。

秦岭教授为此建议，将板栗等木本粮食纳入国家粮食储备计划，在北京农学院成立国家救荒粮油研究中心，建立种质资源库、成立救荒粮油国家重点实验室，开展救荒粮油加工技术体系研究和救荒粮油标准研究。在全国板栗主产区：安徽金寨、广西百色、湖北罗田、陕西渭南、北京怀柔等地建立板栗救荒食品国家储备库。

秦岭教授说，这些板栗主产区曾是革命老区，通过建立板栗救荒食品国家储备库，可以带动老区农民增收，促进当地经济发展和社会稳定；不仅可以带动林业的发展，还可以大大缓解土地粮食生产的巨大压力。

3.11 蔬菜种到阳台上

导读 蔬菜种在菜地里，这是毫无疑问的。然而，中国农业科学院的专家却能让蔬菜种到居民的阳台上，甚至暗室里。

大棚内，在无土栽培架上，一盘盘刚刚发芽的紫苗香椿、娃娃缨萝菜、芦丁苦荞、龙须豌豆苗……外形整齐，色泽碧绿，正在快速生长。大棚外，一片片菊苣、马兰头、苦荬菜、枸杞紧密相连，竞相吐芳。这是记者在北京郊区看到的一批新菜特菜品种。这个占地 60 亩的蔬菜技术开发中心以中国农科院蔬菜花卉研究所为技术依托单位，转化该所的新成果、新技术。

由芽苗菜专家王德槟研究员、张德纯副研究员率领课题组研制成功的芽苗菜栽培技术，以植物的种子、根茎为原料，采用规模化生产方式，促使种子和根茎在适宜的温、湿度条件下直接发芽，成为营养丰富、优质保健、速生清洁、无污染、无公害的新型高档蔬菜。神奇的是，芽苗菜不仅可以在大棚里种植，也可以在自家的居室里或者阳台上种植，现已推广到全国 300 多个城市，还被中国绿色食品发展中心认定为"绿色食品"。

菊苣，它的栽培方法很特别，先进行直播，待肉质根成熟后将其收获，在黑暗的环境中进行囤栽，如居民家里的地下室、暗室、船舱等地，即可长成鹅黄色的菊苣芽球，它含有野莴苣和山莴苣苦素，有清肝利胆的功效，是目前国际上最流行的优质高档蔬菜之一。

枸杞头、枸杞嫩梢，经专家们的努力，首次将枸杞变为一种特菜，它含有较丰富的蛋白质和粗纤维、各种矿物质、维生素等，可以预防干眼症、夜盲症等。专家试种成功的花椒蕊也是前所未有的，同样具有多种保健作用。

中国农科院蔬菜花卉研究所王德槟研究员深有感触地说：随着人民生活水平的不断提高，特菜的更新速度会越来越快，今天的特菜明天就很可能成了大众菜。因此，我们要面向市场加强科研和开发，培育出丰富多样的特种蔬菜新品种，新技术让它们走进人们的居室、阳台，享受过程、扮靓生活。

3.12 攀枝花成为世界最高杧果基地

导读 和陕西苹果、赣南脐橙一样，攀枝花一跃成为中国乃至世界上纬度最高、海拔最高、成熟期最晚、品质最优的大规模杧果生产基地。杧果也已成为攀枝花现代特色农业的一张靓丽名片。请关注一下您身边的景观树，它们或许也可能成为像攀枝花杧果一样的大产业。

四川省攀枝花地区过去仅有少量的杧果树，只开花不结果，只能作为景观树栽植。中国热带农业科学院等科研单位经过 10 多年的科技攻关和不懈努力，如今的攀枝花已成为中国乃至世界上纬度最高、海拔最高、成熟期最晚、品质最优的大规模杧果生产基地。杧果已成为攀枝花现代特色农业的一张响亮名片。

攀枝花市景观杧果变为优势产业的故事只是中国热带农业科学院科技创新、支撑热作产业发展的一个缩影。像这样既促进热区农业发展，又提高热区农民收入的科研成果，在中国热带农业科学院不胜枚举。

中国热带农业科学院是国家级热带农业科研机构，其前身是1954 年在广州成立的华南特种林业科学研究所。60 多年来，该院致力于热带农业科研，在培育引进热区农业新品种、促进我国热区现代农业发展、保障国家天然橡胶和特色农产品有效供给等方面取得了显著且非常实用的科技成就，为热区创造了巨大的经济价值（图3-2）。

图3-2 王庆煌（前排中）院长带领科研团队开展香草兰加工技术研究

据统计，在60多年发展历程中，中国热带农业科学院研发集成了一大批产业关键技术，在海南、广东、广西、云南等九省（自治区）催生了一大批特色热带农业新兴产业，获得授权专利500多项，其中国家发明专利200多项，取得了包括国家发明奖一等奖、国家科技进步奖一等奖在内的近50项国家级科技奖励成果和1000多项部省级科技奖励成果，极大地推动了天然橡胶等重要热带经济作物、南繁种业、热带粮食作物、热带冬季瓜菜、热带畜牧、热带海洋生物资源研究领域发展，使我国热作产业从无到有、从弱到强，为保障国家天然橡胶战略物资安全和热带农产品有效供给、促进热区农民持续增收作出了突出贡献。

在天然橡胶产业支撑方面，中国热带农业科学院打破了国际橡胶界公认的"北纬17°以上是植胶禁区"的论断，创造了在北纬

18°~24° 大面积种植橡胶树的世界植胶史奇迹，并提前 30 年实现了橡胶树种植材料良种化，天然橡胶行业 95% 以上的技术、75% 的相关国家标准和行业标准由热科院制定，推动了我国橡胶种植业的 3 次产业升级。面对天然橡胶产业第四次产业升级的新形势，目前，中国热带农业科学院在橡胶新品种培育、天然橡胶大幅增产技术、生产增效技术、高效安全采胶技术、自动化加工技术以及高性能天然橡胶产品方面下功夫，全方位支撑产业升级。

中国热带农业科学院还率先完成世界首张木薯全基因组测序与光合产物高效运输与积累模型，选育木薯 12 个高产优质华南系列新品种，直接推动形成了年产值达 100 亿元的生物能源朝阳产业；中国热带农业科学院选育了系列杧果优良新品种，促进了我国晚熟杧果优势产业带的建立；胡椒、咖啡、可可、剑麻集约化生产技术的推广和应用，使我国这四大作物的单产位居世界先进水平，并成为世界主要生产国之一；攻克了油棕组培苗的关键技术，有望大规模种植；创新香草兰人工授粉方法，研发相关科技产品 8 大类 80 多种，成果转化率达 90% 以上，转化直接经济效益近 5 亿元，带动社会、经济效益超过 50 亿元。

中国热带农业科学院先后与 16 个国际科技组织、30 多个国家和地区建立学术交流和合作研究关系，建立了 FAO 热带农业研究培训参考中心、国际科技合作基地等 11 个国际合作平台，承担了 100 多项国际合作项目。中国热带农业科学院以项目为桥梁，把科技的种子播撒到 90 多个国家，这些科技种子在当地不仅生根发芽，而且结出累累硕果，大大地提高了我国热作产业的国际影响力和竞争力（图 3-3 至图 3-8）。

图 3-3　推广橡胶割胶新技术

图 3-4　在援刚果（布）农业技术示范中心培训当地学员

图 3-5　研发出菠萝叶纤维系列科技产品

图 3-6　与攀枝花市合作推广种植杧果新品种，形成支柱产业

图 3-7　在广西武鸣大面积推广木薯新品种

图 3-8　香蕉标准化生产示范园

3.13 外国作物落户中国

导读 | 我国是农业大国，作物资源丰富，但也不要拒绝引进外国农作物品种，有时引进的作物还成了大气候，助力乡村振兴战略实施。

籽粒苋是一种粮食与饲料兼用的作物，自美国引种后，已在我国22个省、直辖市、自治区落户，累计推广面积达100万亩以上。

籽粒苋俗称"千穗谷"，古代印第安人曾把它作为主食。1960年，美国外科医生洛希逊发现籽粒苋有很高的营养价值，使它身价倍增。1982年以来，中国农业科学院作物所从美国茹代尔有机农业中心陆续引进籽粒苋品种，筛选、培育出适于我国不同地区种植的5个优良品种。

几年来的试验证明，籽粒苋具有很强的抗旱、抗盐碱能力。它不与大宗作物抢地争水，其抗旱力强于玉米、花生、棉花等。它可在耕层土壤含盐量0.23%以下的盐碱地上生长，并能得到亩产70~90千克的籽粒；它也可在非耕废弃土地、内陆盐碱地及沿海滩涂种植，适宜于我国东北、华北、黄淮海平原和西北黄土高原等广大干旱、半干旱地区种植。山西吕梁山区试验证明，籽粒苋有改善土壤性能、控制水土流失的显著作用。

籽粒苋的蛋白质含量比普通谷物高，氨基酸组成也比较平衡。其中赖氨酸含量是小麦的 2 倍、玉米的 3 倍，其混合粉的营养价值达到了联合国粮农组织和世界卫生组织所推荐的人类最适营养水平。籽粒苋中不饱和脂肪酸占脂肪总量的 70%~80%，脂肪质量高，成为老年人理想的食品源。

籽粒苋的茎叶作为一种高效饲料，每年可收割 2~3 次，可获亩产 0.75 万 ~1 万千克的青饲料。北方贫困缺菜山区也可以种苋做菜食用。同时，籽粒苋正作为一种观赏植物走进千家万户的庭院。

据悉，河南、河北等地已制成籽粒苋酱油、氨维营养饮料等籽粒苋系列加工食品。

3.14 冰草提升小麦能力

导读 小麦好吃，育种不易。中国农业科学院专家巧妙地将生长在沙漠边缘和盐碱地的冰草与普通小麦杂交，成功选育出我国第一个普通小麦远缘杂交小麦新品种普冰 143，实现零的突破。

小麦是我国主要的粮食作物，干旱是障碍小麦高产稳产的主要因素之一。普通小麦经过长期的人工选择丧失了大量有益基因，使得小麦的遗传背景越来越狭窄，对自然界的适应性越来越差，抗旱抗寒抗病能力降低。冰草是一种小麦近缘野生植物，主要生长在沙漠边缘和盐碱地，在长期的自然进化中产生了很强的生存能力和适应性，具有抗旱、抗寒、抗病和分蘖能力强等特点。如何将冰草的优异基因导入普通小麦，提高普通小麦抗旱、抗寒、抗病等能力和广泛适应性，拓宽遗传背景是多少代科学家攻关的难题。

为此，中国农业科学院作物科学研究所李立会课题组和西北农林科技大学张正茂课题组经过 20 多年的通力合作，克服小麦与冰草属间远缘杂交的许多技术难题，获得杂交后代，并成功选育的我国第一个普通小麦远缘杂交小麦新品种普冰 143，实现了零的突破。合作完成的"小麦与冰草属间远缘杂交技术及其新种质创制"和"普通小麦／冰草远缘杂交小麦新品种普冰 143、普冰 9946 选育与推广"分别获得2017年中国农学会神农中华农业科技奖一等奖和陕西省科技成果二等奖。

利用普通小麦与冰草远缘杂交的方法导入冰草外源基因，采用多年多生态区水旱交替混合系谱法选育并通过审定了我国第一个普通小麦/冰草远缘杂交小麦新品种普冰143（陕审麦2004001），解决了抗旱和遗传基础狭窄的问题，开辟了我国抗旱节水小麦育种的新途径。

普冰9946是以优质抗旱的Q104-3为母本、以晋麦47-2为父本有性杂交，采用多年多生态区水旱交替混合系谱法选育而成，将抗寒、抗旱、抗病、高产、优质强筋等优良性状聚合于一体，实现旱地小麦优质化目标，2011年4月通过陕西省农作物品种审定委员会审定（陕审麦2011006）。

普冰151是以抗旱抗病高产的长武134为母本，以大穗大粒抗旱的Q8879-4为父本，1999年杂交，连续多年异地多生态区选育而成。2017年通过陕西省农作物品种审定委员会审定（陕审麦2017010）。

普冰151最大特点就是大穗大粒，产量更高，适应性更强，水旱兼用，解决了省肥、省水、省药的问题，适合简约化栽培，不需要精细管理，也就是农民朋友说的"懒汉"小麦。只要整好地、施足肥、宽幅精播，播种量10~12.5千克/亩，播期同当地主栽品种，化学除草和防虫，即可获得高产。

在"科技+政府+公司+农户"推广模式的推动下，普冰143被陕西秦稷粮业科技有限公司指定为订单收购小麦品种，普冰9946被宝鸡市指定为优质小麦订单收购品种。截至2016年在宝鸡、咸阳、西安、渭南、铜川和黄陵县以及甘肃省平凉市、庆阳市累计推广面积达1 395.6万亩，增产粮食29 069.1万千克，新增经济效益58 138.3万元，节约生产成本41 868万元（图3-9至图3-10）。

图3-9　中国工程院原副院长刘旭院士（右）实地
考察普冰小麦

图3-10　西北农村科技大学副校长钱永华教授（左
一）考察普冰小麦

3.15 种植业结构要不断优化

导读 当一个地方的种植模式形成后，可能很少有人想到再去调整它。事实上，随着市场的波动和社会需求的变化，种植业结构应该根据需要不断调整和优化。

农业作为国民经济的基础产业，承担着提供粮食、农副产品以及工业原料等多重任务。目前，面对日益显露的能源问题，笔者认为，应该在传统的农业生产和管理中引入"能源农业"的概念，将能源作物的种植、管理纳入种植业中，实施种植业"四元结构工程"，即"粮食—经济作物—饲料作物—能源作物"。

所谓能源作物是指能够大量生产出生物柴油等能源的作物，而能源农业则是指以生产能源为目的的农业活动。能源农业的提出是时代赋予农业的新功能，它不仅满足了经济发展对能源的需求，还能有效增加农民收入，开辟农业科学研究的新领域，促进农业的可持续发展等。

为什么提出"能源农业"这个新概念？其实，只要分析一下能源的本质和农业的天然联系就不难发现，如果说煤是由远古时代的森林长期演化而来、石油是由远古时代的动物长期演化而来，即起始于植物的光合作用，某种程度上可以说，从事光合作用的叶绿素才是能源的最初生产者，是地球上所有生命的"引擎"。如今，面临越来越严峻的能源问题，人类势必要将目光投向叶绿素，也就是能源作物和"能源农业"。

谈到"能源农业"，我们无法回避粮食生产以及种植业"三元结构工程"。实际上，"能源农业"也是在前者基础上发展起来的，是对前两者的继承和发展。同时，也是时代发展的要求。我国粮食的生产发展情况：20 世纪 80 年代中期之前，我国的粮食问题是口粮问题。20 世纪 80 年代后期以来，收入增加引起人们消费结构的较大变化，口粮消费的比重在减少，动物性食品消费的比重在增加，我国的粮食问题在很大程度上逐步演变为增加饲料粮的问题。1986—1992 年，城乡居民每年人均消费粮食由 252.67 千克下降到 235.91 千克，人均消费动物性食品则由 27.79 千克上升到 37.62 千克，增长 35.4%。适应我国居民消费需求的上述变化，同一时期我国畜牧业迅速发展，1986—1994 年，肉类产量以年均 9% 的速度递增。与此形成强烈反差的是，同期谷物产量年均递增仅 1.7%，致使饲料粮负担日渐沉重，粮食生产日益难以承受肉类的高速增长。

因此，必须对我国的种植业结构进行根本性改革，打破传统的种植模式，将饲料作物的种植有计划地纳入农业生产中来，建立相对稳定的、与社会需求相统一的"粮食—经济作物—饲料作物"三元种植结构，才能彻底解决饲料资源的稳定供应，促进畜牧业的健康发展，保证人民的膳食结构进一步得到改善。

笔者 10 年前曾参加过农业部种植业"三元结构工程"课题的研究，深入河南省郾城县和湖南省望城县两个农业部种植业"三元结构工程"试点县，获得了大量一手资料，见证了两个试点县在种植业"三元结构工程"试点过程中取得的成效。

从经济学原理分析，促成农业生产结构转变的动力有两个：一个是建立在人均国民收入水平提高基础上的需求诱导，为农业结构变革提供了必要性；另一个是农业技术进步带来的粮食生产能力的提高，为农业生产结构变革提供强大动力并最终使之成为现实。

实施种植业"四元结构工程"是能源问题对农业发展提出的新要求，是新阶段我国农业发展的一个必然趋势，只有顺应这个趋势和规律，农业发展才会迎来一次新的机遇。

第一，种植业"四元结构工程"与"三元结构工程"有很大的不同，不能照搬"三元结构工程"的原理和做法。它首先表现在，能源作物不与传统的粮食作物、经济作物和饲料作物争地。因为，大部分能源作物，如油菜等都种植在荒坡地上或者冬闲田里，有的还可以种到林地里或城市绿地里。不会给传统的粮食生产造成任何影响，相反，生产能源作物并加工后形成的肥料，还给粮食生产提供营养支持。

第二，发展能源作物也为增加农民收入开辟一条新途径。由于能源市场的强烈拉动，能源作物的效益将远远高于粮食作物，农民从中获得的收益必将大大提高。帮助广大农民跳出"增产不增收"的怪圈。

第三，能源作物便于保存和加工，不像传统的作物那样存在货架期短、保鲜难和成本高的问题。

第四，能源作物对生态环境的保护作用也十分明显。能源作物不需要精耕细作，管理相对粗放，节水省工，环境效益也会令人满意。

第五，开展能源作物的深加工，延长其产业链，会创造许多新的就业机会，为农村劳动力转移提供场所。

实施种植业"四元结构工程"总的要求应该是，通过调整实现"结构调优，粮食调上，经济调活，效益调高，农民调富"的目标。在调整中需要把握好以下基本原则：①保证粮食作物面积不受大的影响、粮食总产不断增长，主要粮食作物产量有所提高；经济作物面积基本稳定，产量不断提高；饲料作物面积也基本稳定、产量有所提高。②增加能源作物产量，同时注意提高质量。③强化能源作物生产与加工的紧密结合和种地与养地相结合。④确保当地农民收入增加。

3.16 潜势作物有多大潜力

导读 随着人们生活水平的不断提高，我们的一日三餐越来越丰盛。其实，相对于地球上的植物来说，我们经常食用的农产品不过300多种，还有一大批植物有待人类去认识和发掘，使其逐步走上百姓餐桌，这些还没有被正式利用的作物就是潜势农作物。开发潜势农作物是对以前农作物概念的颠覆和创新，需要引起高度重视。

2018年5月20日，在西北农林科技大学举办的"野生植物种质资源（潜势农作物）在中医药领域的研究开发与利用战略研讨会"上，李竞教授首次提出"潜势农作物"这一新概念，得到与会国内中医药界和农业科技界知名专家的高度肯定。

研讨会上，12位专家对李竞教授及其团队的工作成果给予充分肯定的同时，提出了成立"国家潜势农作物研究中心"的迫切性和全国农学、生物学、医学界联合攻关的必要性。

专家们一致认为，这是一项具有科研基础和良好前景的中药研究开发项目。要让"潜势农作物"发挥出优势，尽快造福百姓，首先应加强科学研究。要采用交叉学科的方法，对药用植物的生理、生化等开展研究，采用动物模型进行药理学、毒理学、疗效等方面的评价，为后续药物开发和临床研究提供扎实的科学基础。其次，要大力收集、挖掘"潜势农作物"的种质资源，进行种质资源调查、筛选、鉴定、研究。同时，借助现代生物技术，开展药用植物的栽培和驯化，结合生物学和医学以及临床研究，发掘它们的药用功能与食用功能，从而开发出新的功能性食品或新的药用植物。此外，要大力普及相关科学知识，尽快让公众了解其重要价值，让更多人了解、认识"潜势农作物"。

所谓"潜势农作物"，是指现在仍然是野生植物种质资源，但具备成为农作物的独特潜质，并且有望在预防或改善人类高发性常见病或慢性疾病方面发挥重要作用的未来作物。其核心是将具有医疗保健潜力和优势的野生植物种质资源进行筛选、栽培和驯化，使其成为药食两用的新资源。

改革开放 40 年来，百姓餐桌上的食物越来越丰富，一大批新奇特农产品陆续走进消费者的视野。然而，同我国已发现的 3 万多种植物相比，目前大面积种植的各类农作物只有 300 多种，其中列入《中国药典》的药食同源农作物仅有 101 种。因此，仍有大量"潜势农作物"需要进一步发掘和研究。

自古至今，人类都在不断地将野生植物种质资源进行人工驯化，有的变成了供给人类粮食的农作物，有的变成了中药，还有的变成了其他类型的经济作物。未来"潜势农作物"不仅能满足传统食物生产的需要，还可以满足人民群众预防和治疗慢性疾病的需要。

李竞教授形成的"潜势农作物"研究新概念，是基于以前观察以及后来亲自对 800 余位各类慢性疾病志愿者患者的身体调理基础上形成的。他用独特的野生植物种质资源，将患者的慢性疾病调理出明显的改善效果。10 多年来，李竞教授对药用植物的生理、生化等开展了卓有成效的研究。按中药药理学的有关内容与要求，对部分已经列入国家药典的中药，发现其具有食品的功能和价值。经深入挖掘，又发现了新的用途或功效，包括实验室研究和临床使用验证，使其一种用途变为多种用途，例如白前和车前草。专家认为，这无异于开发一种或者两种新药，具有重大社会与经济价值。

李竞研究团队博士生王旭说，对部分我国目前仅作为食品而未列入药品的植物，研究证明它确有治疗作用。例如荨麻、石耳、笋等，通过实验室研究和临床验证，证明其确实具有中药药理和治疗作用，将来向国家食品药品监督管理总局和药典委员会申报，要求纳入国家药典，并作为药食两用的中药，补充列入中国药典后是一个新的拓展，也使原来的一味中药同时具备了药品和食品的双重身份，极大拓宽了其药用和食用价值。无论对患者还是对中医药种植和生产加工企业、农民来说，既能造福大众健康又有经济效益。

典型病案显示，青春痘是在青年人中相当高发而又难以治愈的顽疾，持续时间长达几年甚至十几年，给患者的学习、工作和生活带来极大痛苦和精神折磨，而潜势农作物发挥的奇效，可使患者获得新生；随着膳食结构变化，糖尿病已成高发病之一，而特有的潜势农作物不仅对糖尿病表现出良好的治疗效果，而且解决了糖尿病患者膳食结构的失衡难题。

专家们估算，"潜势农作物"的合理种植、生产和流通，即使不考虑国际市场的消费，仅国内消费者使用，每年就可产生3 000亿元以上的直接经济价值。随着"一带一路"倡议的深入，源于"潜势农作物"的衍生产品的直接经济价值更是不可估量。

第四章

奇思妙想来创新

本章收集一批具有新颖性和创新性的案例，说明在实施乡村振兴战略过程中，科技有许多可以发挥的空间，让大家的聪明才智得到体现，从而加速乡村振兴战略的实施，创造更加美好的生活。

4.1 果树"癌症"有治了

导读　果树腐烂病又称果树"癌症"，是一种果树常见病，治疗也是采取化学农药等办法。北京市昌平区科协秘书长甄燕昌大胆创新，把心脏搭桥手术的原理创造性地应用于老果树技术改造，巧妙解决了这一难题。

北京郊区有许多老果园，为了高产，人们经常采取"环剥"的办法，即把树干的树皮剥掉一圈，这样就能把本该输送给根部的营养截留在上部，在当年获得高产。但也因为截断了树叶与根部的联系，造成根部营养不足，导致树势退化。也容易患上果树腐烂病，俗称果树"癌症"。

北京市科协在实施"科技套餐工程"中，医学世家出身的昌平区科协秘书长甄燕昌把心脏搭桥手术的原理创造性地应用于老果树技术改造，从树上截取一个嫩枝条，从树根部越过环剥部分，重新接通与树叶的水分营养输送，取得成功（图4-1）。大量曾经被环剥、面临淘汰的老果树重新焕发青春，老果树因此可以延长挂果期20年，效益十分显著，不推自广，已经在北京推广1万多亩，就连河北等地的农民都赶来"取经"。

图4-1　果树"心脏搭桥"
（陈立新摄）

4.2 不用农药也能治虫

导读 维护社会治安要靠警察，如今，保护庄稼也能依靠"庄稼警察"了。神奇的"庄稼警察"，白天充电，夜间灭虫。它其实是一种智能太阳能灭虫器。

一望无际的稻田里，一盏盏太阳能灯错落有致地分布在田间。走近一看，原来是用太阳能驱动的灭虫灯，灯下的水盆里，飘满了被淹死的害虫。田间小路上，堆满了一袋袋收集的金龟子等虫子。"我们拿回家去喂鸡。"记者身旁的一位农民说道。

前不久，全国各地的 150 名农业植保专家先后来到河南新乡，考察太阳能灯灭虫效果。这种"智能太阳能灭虫器"利用太阳能白天充电，夜间灭虫。阳光照射充电 1 天可用 4~5 个晚上，体积小，重量轻，安装方便，使用寿命长达 7~10 年。全自动控制，无须专人值守。当地农民说，自从我们请来了这位神奇的"庄稼警察"，不用农药也能消灭害虫，省药又省钱。

发明"庄稼警察"的是当地一位种过地，也深受虫害之痛的农民企业家尚广强。一次意外的事件曾在尚广强心中打下深深烙印。他的一个朋友的儿子因食用了几棵自家种植的花生导致农药中毒。当他闻讯赶去看望的时候，孩子的生命已走到了尽头。一连几天，尚广强吃不下饭，睡不好觉。他到附近几个乡镇卫生院调查了解情况，得知每年夏季，收治农药中毒病人几乎成了乡镇卫生院的主要工作。"一定要想办法制造一种产品代替农药治虫，减轻农药对农友的危害。"尚广强暗下决心。

2003年春，尚广强在一次出差途中，得知一个太阳能灭虫器的项目。一听这个项目节约能源、绿色环保，尚广强觉得这正是他梦寐以求的产品，二话没说，就把项目带了回来。

项目只是一张图纸，为了迅速把图纸变成产品，尚广强以超常规的速度研制成了第一批太阳能灭虫器。产品投放海南、新疆等地市场后，灭虫效果大大优于农药防治。但好戏开锣不久，太阳能灭虫器遭遇了核心部件的质量问题。为解决质量问题，尚广强从深圳、山东等地请来专家，但没有完全解决技术难题。眼见投进了400多万元，1年间反而债台高筑。面对着资金短缺和技术上的困难，尚广强没向任何人叫苦。当地科技局获悉后，被其勇于创新的胆略所打动，认定他干的是一个利国利民的好项目，当即决定支持其科技开发资金3万元。钱虽少，但给了尚广强信心。顶着从未遇到过的压力和困难，他继续技术攻关。

2005年初夏，新乡市科技人员在封丘县金银花规范化种植示范园的1万余亩金银花田和延津县、原阳县3个乡的2万亩花生田，安装了尚广强发明的智能太阳能灭虫器2000余台。夜幕降临后，智能太阳能灭虫器放出熠熠光芒，在黄河故道、黄河滩边一望无际的药材园、花生田中形成了道道亮丽的风景。平日多次逃过农药杀灭的金龟子、棉铃虫等多种害虫，纷纷飞向亮光，一个个在太阳能灭虫器发出的紫外线光柱的照射下，扑向灯下设置的水盆，溺水死亡。农民第二天一数，发现每台太阳能灭虫器每天晚上竟然能捕捉金龟子600余头、棉铃虫200余只。时值金龟子产卵期，每只金龟子可产卵2~3次，每次100~200粒。消灭1只金龟子母体，即可灭杀其幼虫近千只，大家都不由竖起大拇指夸赞。

目前，国内已有10个省、直辖市和自治区使用这种太阳能灭虫办法，累计作业面积达310余万亩。

4.3 深耕土地再高产

导读 要让作物高产，当然离不开种子、农药、化肥等。在高产基础上再高产，不妨从深耕土地上再下些功夫。"粉垄栽培技术"可以唤醒土地本能，引领农耕新时代。

深耕土地，唤醒土地本能

要让作物既高产又品质好，就得深耕土地，唤醒土地本能。国家木薯产业技术体系岗位科学家、广西"百名顶尖人才支撑工程"特聘专家、广西农业科学院经济作物研究所韦本辉研究员及其课题组，在科学研究中大胆创新，研究提出了粉垄栽培技术，并已在玉米、水稻、甘蔗、木薯、淮山药等作物验证其可增产 10%~30%。

所谓"粉垄栽培技术"，是指应用"立式粉垄深耕深松机"（简称"粉垄机"），按照不同作物种植需求，将土壤垂直旋磨粉碎并自然悬浮成垄，在垄面种植作物的配套栽培技术。

粉垄栽培技术突破沿用千年的"犁翻—耙碎—起畦（垄）"传统耕作栽培技术体系，可一次性完成深耕、粉碎、成垄等作业，具有省力、省工、节本、增效的作用。此外，经有关机构测定，粉垄旋磨后土壤的有机质和速效氮、磷、钾含量均比非旋磨的土壤增加10%~30%。

韦本辉解释说，传统的耕作方式主要是通过犁头将土壤块状翻耕，然后进行耙碎，整体土层完全打乱，耕作深度一般仅为15~20厘米，不仅耕地的深度受到限制，而且大量消耗拖拉机的动力。而粉垄栽培技术从根本上克服了传统耕作技术的缺点，它通过钻头垂直旋磨整体粉碎悬浮，深松而不乱土层，根据不同作物种植需求作业深度可达20~40厘米，个别作物如淮山药粉垄深度可达80厘米以上。

发明粉垄栽培技术的灵感始于2008年。韦本辉和他的创新团队对广西壮族自治区内外旱地作物生长期内的3种不同土壤类型与作物产量关系进行了深入研究，发现了一个十分有趣的现象：土壤疏松类型比土壤板结和表皮结膜两种类型增产15%以上，营造土壤疏松环境是提高作物单产的有效途径。例如，当地在木薯耕作时就必须使用一种专用机，而不是一般常用的耕作机械。在此启发下，韦本辉和他的创新团队发明了一种全新的第一代粉垄专用机械，并委托有关厂家加工生产。

2009年，他们继续在木薯等作物开展试验，取得显著增产效果。2010年3月，他们将此技术正式定为"粉垄栽培技术"，并以"旱地作物粉垄栽培方法"申请国家发明专利。

"粉垄栽培技术"近两年已在木薯、甘蔗等多种作物试验，取得了显著成效。经专家测产，与传统种植相比，甘蔗增产27.35%（亩增原料蔗达1.02吨），木薯增产37.74%（亩增鲜薯0.83吨），桑树叶片增产54.81%，玉米增产25.6%，花生增产13.7%，大豆增产10.01%。

不仅如此，粉垄栽培技术同时还能改善作物品质。经农业部甘蔗品质检测监督检验测试中心（南宁）测定，与传统种植相比，甘蔗糖分增加 5.17%，蔗汁糖分增加 5.75%，蔗汁还原糖减少 9.76%。

广西壮族自治区主席院士顾问团成员、中国工程院院士、中国农业大学教授戴景瑞认为粉垄栽培技术是农耕方法上的一次重大变革和创新，是作物栽培技术的一大突破，其发展潜力和利用空间很大。

韦本辉说，粉垄栽培技术适用于坡度 15° 以下、无大石块且土层厚度在 0.5 米以上的耕地。除旱地外，此项技术也可应用于水田耕作。

粉垄，预示着农耕新时代的到来

有人让韦本辉将这个新技术名称改成一个让人更好记的名称，但韦本辉坚持他的看法，认为"粉垄"是最恰当不过的了。

韦本辉就是这样一个执着的人。他和他的科研团队，经过 5 年的艰苦与努力，发明的粉垄农耕新方法，被认为翻开了人类农耕新的一页，可成为横跨数个世纪甚至流行千年的技术，预示着农耕新时代的到来！

粉垄耕作的最大特点是，可根据不同作物需求进行深耕深松，深耕但不乱土层，土壤有效养分增加，活土保水，旱地粉垄，可带状进行，种植带下有"U"形松土槽，可有效聚集天然降水；稻田粉垄，耕层加深 7 厘米以上，泡水条件下土壤仍呈海绵状，通透性好，水稻白根多，穗大粒多。粉垄栽培作物，其根系、生物产量、光合效率和经济产量等，均可提高 10% 以上，而且品质改善。

纵观农耕发展史，从人力整地到畜力犁地到拖拉机犁耙整地。如今的粉垄耕地是螺旋钻头垂直旋磨、横向切割粉碎、自然悬浮一次性整地，其耕作的土层是呈依次加深、单位面积松土量和土壤储藏水分随之增加、作物对光能利用率随之相对增加，作物单产水平也大体随着耕作对土壤、水分、光能利用率的提升而增加的。

工欲善其事，必先利其器。为加快粉垄技术的推广，韦本辉团队和广西五丰机械公司联合研发出132.3千瓦（180马力）多功能粉垄机。多功能粉垄机采用橡胶履带形式，可适应各种旱地、水田环境的作业需要，能够满足30°左右的斜坡、丘陵等特殊地形的轻松作业。

"感谢您的好意，粉垄机的改进还是我们自己做吧。"韦本辉婉拒了一位美籍科学家"合作开发"的请求。他的想法是：粉垄机是中国人发明的，应该贴上"中国制造"的标签，首先为中国的农民造福。

农谚说"深耕一寸土，多耐十天旱，多打十斤粮"。韦本辉为此确立了两个愿望：一是把淮山定向免耕生态栽培法推广到更多地方，为农民脱贫致富再加把力；二是把粉垄耕作栽培技术推广到全国乃至世界各地，为保障人类的粮食安全和生态安全贡献中国智慧。

韦本辉为此南下海南岛、北上黑龙江、西到新疆……足迹遍及20个省（区），行程数万千米，跟着粉垄机对甘蔗、水稻、小麦、玉米等20种作物做对照试验。

实践表明，采用粉垄技术能实现多季持续增产，增幅在10%~38%之间，山药、木薯等块根块茎作物最高可增产40%以上。

与现有耕作方式相比，粉垄技术每产出100千克粮食可少用化肥0.35~4.29千克，减幅为10%~30%。

韦本辉和中国农业科学院等单位的合作研究表明，粉垄耕作可使土壤的总量养分增加15%以上，氧气和储水能力分别增加1倍以上，不仅减少了对化肥的依赖，缓解了土壤板结，还有助于微生物生长繁殖，可以使作物的根系长得更深、更发达，从而显著促进作物生长发育。

袁隆平院士自2011年起就关注粉垄技术，并在自己的常规稻和超级稻试验田中试用，增产效果明显。他还亲自给农业部写信，呼吁大力推广粉垄技术，认为其"活土、保水、透气，明显促进作物生长发育"，是"增加粮食产量、改善农业生态的重要举措"。

粉垄农业"三部曲"构想

农业，始终是关乎民生和经济社会发展的基础产业，是一个十分复杂的系统工程。基于8年来的持续研究，以及在中国20个省20多种作物的应用实践，韦本辉提出粉垄农业的概念。

所谓"粉垄农业"，就是在粉垄机械耕作和粉垄栽培模式唤醒土地本能的基础上，以充分利用各种自然资源为手段，以增产、提质、保水、生态和可持续发展为目的，使各种农作物在不增加灌溉用水量和化肥农药施用量的情况下，比现行耕种技术与投入更能增产增效，并可以驱动相关领域开发创新，增加食物多样性、水资源可持续、生态环境得以改善的系统工程总和的绿色农业。

粉垄农业研究成果，已得到农业专家的一致好评。刘旭院士等专家做科技成果鉴定，认为其"具有原创性，可应用于各种农作物"；袁隆平院士非常重视这一技术，安排做了水稻试验，增产效果明显，曾亲笔致信农业部建议重视研究和推广，到南宁现场视察粉垄种植甘蔗时连声给予称赞。

基于粉垄技术在改善土壤、提高粮食产量、促进生态环境修复等方面的综合作用，经过反复思考，韦本辉提出了大规模推广粉垄技术"三部曲"的构想。

"第一部曲"：提升耕地生产能力、保水能力。若在我国推广10亿亩（当年可复种15亿亩以上），每年可相当于新增1.5亿~2亿亩耕地的生产能力，增储天然降水300亿立方米（相当于增建大型水库和灌溉系统300座），增产的粮食可多供应3亿人的粮食，同时减少化肥、农药用量10%~30%。

"第二部曲"：用粉垄技术改造盐碱地、退耕草原，助力生态环境的改善，可"增粮、增肉、增鱼"。

　　（1）改造盐碱地"增粮"　我国有盐碱地5亿亩。利用粉垄技术开发改造盐碱地，若有1亿~2亿亩被改造成良田，按每亩增粮400千克计，可新增粮食400亿~800亿千克，可多供应1亿~2亿人的粮食。

　　（2）改造退耕草原"增肉"　利用粉垄技术对退耕草原进行"井"字形或全耕型耕作，深度为30厘米左右，集聚天然降水于土壤之中，可显著增加产草量，实现生态养羊养牛。我国现有草原36亿亩，据初步测算，若能开发利用5亿亩草场，既可提供相当可观的优质肉类，又可缓解我国粮食生产安全的压力。

　　（3）改善江河水体环境"增鱼"　陆地江河湖泊和近海水体是我国最值得重视开发利用的水产养殖资源。若能普遍推广粉垄技术，可减施20%~30%的化肥农药，大力控制工业和城市生活污水，加快改善水环境；同时，国家安排专项鱼苗繁育放养经费，在江河水体进行鱼虾自然繁殖，提供安全的水产品，可增加国民的蛋白质来源，增强国民体质。

　　"第三部曲"：扩大出口，为全球的"粮食丰足、生态修复、气候向好"作贡献。可在"一带一路"和援外项目中推广"自走式粉垄机械"及粉垄技术，既可提升我国的国际形象，又能为世界人民特别是发展中国家作贡献。

4.4 科技化解"隐形饥饿"

导读 生活水平提高了,"三高"人群随之也增多了,似乎营养过剩了。其实,有一种"隐形饥饿"的现象正笼罩着你,怎么解决?专家自有高招。

当你酒足饭饱,将吃剩的菜品打包拎着,心满意足地离开酒店时,也要小心,也许你并没有真正吃饱,因为,一种叫作"隐形饥饿"的现象正笼罩着你。

原来,人体保持健康,不仅需要碳水化合物、脂类、蛋白质等大量营养素,还需要铁、锌、硒、碘等16种矿物质元素,以及维生素A、维生素E、叶酸等13种必需的微量营养素。但全世界有20亿人口由于缺乏这些微量营养素而导致健康受损,如果这些必需微量营养素长期摄入不足,人体就会出现发育不全、体力下降等各种健康问题,甚至导致疾病,世界卫生组织2005年将这种现象称为"隐形饥饿"。

专家警告说,维生素A缺乏可导致失明等眼部疾病、儿童生长迟缓、贫血、免疫力下降等;如果孕妇在妊娠早期缺乏叶酸,易导致胎儿神经管发育畸形;叶酸缺乏还容易引起动脉粥样硬化,并可能诱发结肠癌等疾病。"隐形饥饿"普遍存在于发达国家和发展中国家,也同样存在于城市和农村。

营养健康不但是身心健康的基础，而且能够为经济发展提供动力。诺贝尔经济学奖获得者、著名经济学家罗伯特·福格尔通过对工业革命时期欧洲经济增长因素的分析，证明这一时期的长期经济增长有 50% 以上应归功于人群的体格发育增长，从而为经济增长创造了条件。

据世界银行的统计研究，"隐形饥饿"导致的智力低下、劳动能力丧失、免疫力下降等现象，造成的直接经济损失占国内生产总值（GDP）的 3%~5%。看来，"隐形饥饿"不仅影响人们的身体健康，也影响经济发展。

不久前，由联合国三大粮农机构联合发表的《2015 年世界粮食不安全状况》报告指出，如今 7.95 亿的世界饥饿人口数量比 1990—1992 年期间减少了 2.16 亿，降幅为 21.4%。虽然抗击饥饿的成果显著，但是，另外一种因微量营养素摄入不足而导致的"隐性饥饿"却正在悄悄地危害人类健康。中国农业科学院范云六院士在第 535 次香山科学会议上也指出，全球每年约 10 万孕妇因缺铁性贫血而死亡……好在科学家们已经找到一种经济、简便的方法来解决这个大难题，即生物强化手段。主要是通过育种来提高农作物中能被人体吸收的微量营养素的含量，这样不需要人们改变现有的饮食习惯，以及加工、使用方法，就能让人们从自然的食物中安全地获取需要的营养。从 2004 年起，在国际生物强化项目的支持下，中国农业科学院牵头组织全国相关的科学家共同攻关，紧紧围绕提高铁、锌和维生素 A 三种微量营养素的目标，在水稻、小麦、玉米和甘薯 4 大作物上开展工作，目前已经培育成功 16 个富含铁、锌和维生素 A 三种微量营养素的作物新品种（系）。四川蓬溪县的一些小学生已经吃上了甘薯新品种，使得维生素 A 的缺乏率由原来的 16.7% 下降到 1.4%。

从源头改善营养健康

"本质上来说，作物营养强化是一种基于农业的对人群营养改善的工具。"什么是作物营养强化？中国作物营养强化项目副主任、中国农业科学院生物技术研究所副所长张春义在 2016 年中国作物营养强化项目国际研讨会上这样概括道。

2003 年，致力于通过推广作物营养强化手段来加强多种农作物中营养成分的国际生物营养强化（HarvestPlus）项目在全球范围内展开。2004 年，中国作物营养强化（HarvestPlus-China）项目依托中国农业科学院在中国启动。这个致力于改善和解决"隐性饥饿"的项目在中国不断推进，在新作物品种培育、人体营养实验、科研成果发表和专利申请等方面已经取得了显著的成绩。但是，中国作物营养强化仍然任重道远。"尤其是产业化方面的进展我们落后了许多，接下来的任务仍非常艰巨。"张春义说。

2014 年，联合国粮农组织和世界卫生组织联合举办的第二届国际营养大会上通过了《营养问题罗马宣言》，其中提到，营养不良包括发育迟缓、消瘦、微量营养素缺乏症、超重、肥胖等多种形式。全球有超过 20 亿人有微量营养素缺乏症，诸如缺乏维生素 A、碘、铁、锌等微量元素。

因必要的微量营养素摄入不均衡或缺乏，从而产生隐蔽性营养需求的饥饿症状被称为"隐性饥饿"。换言之，全世界有 1/3 人口与"隐性饥饿"相伴，我国也是世界上面临"隐性饥饿"严峻挑战的国家之一。

事实上，想要获取均衡的营养，食物多样性仍是最根本的渠道和途径。此外，营养补充剂（片剂、胶囊、口服液等）、食品强化（向食品中添加营养素）等也被视为改善营养失衡的重要方式。自 20 世纪 30 年代以来，致力于减轻营养匮乏、改善公共健康的食品强化就已经成为美国、加拿大、日本等国家一项重要的政府措施。对于国人而言，强化食品也并不陌生。

作物营养强化则将解决问题的着眼点放在了作物本身，旨在通过农业技术手段筛选、培育、评价和推广富含微量营养素的营养强化作物新品种，寻求营养失衡和营养不良的解决之道。

张春义说，相比于其他的营养强化方式，作物营养强化是一种投入产出比很高的营养强化手段，"尽管育种科学家需要花费数年培育营养强化的品种，但是一旦育成品种，除种植外后续就不再需要额外的投入。"而从市场的角度来看，通过自然的农业生产方式获得的营养强化产品更容易获得消费者的青睐。

"对于贫困人口来说，作物营养强化的意义尤为重大。"国际食物政策研究所研究员游良志强调，世界范围内仍有数亿人口处于饥饿和贫困状态，这部分人群几乎无法或很少通过其他的方式获取均衡营养，从农业育种手段入手的作物营养强化对改善这部分人群营养匮乏的状况至关重要。

2004 年 5 月，借助国际生物营养强化项目提供的种子基金，中国作物营养强化项目启动，研究经费资助了 12 个课题，来自国内 30 多个科研机构以及各级疾病预防和控制中心涉及作物资源学、育种学、农业经济、动物营养、公共卫生等不同研究领域的多位专家研究团队参与其中。

经过 13 年的努力，参与中国作物营养强化项目的科学家们取得了显著的成果。资料显示，先后已有 18 个富含微量营养素的作物新品（系）培育出来。其中，具高产潜力、高锌含量的小麦达到国际 HarvestPlus 的育种目标，成为北部冬麦区和黄淮旱肥地有重大推广价值的新品种。中铁含量水稻品种通过审定获得广西壮族自治区农作物品种审定证书，田间表现高产优质。高维生素 A 源玉米杂交组合适应性好、籽粒商品性好，产量达 600 千克 / 亩以上，总类胡萝卜素含量超过育种目标。

最为突出的是高 β-胡萝卜素甘薯新品系，人体营养干预实验结果表明，食用富含 β-胡萝卜素的甘薯可以显著改善儿童体内维生素 A 缺乏的状况。其研发成本及其潜在的健康经济效益分析表明，如果通过作物营养强化甘薯的推广，每 1 元的投入可以产生 300 元左右的效益。

2010 年，甘薯营养强化研究小组在四川、重庆、江苏、山东、福建、广东等 7 个维生素 A 缺乏发生率高的地区已推广种植 10 个高类胡萝卜素甘薯品种。

2015 年，"作物营养强化和人口健康"项目入选中国农业科学院科技创新工程协同创新行动。在项目咨询论证会上，时任中国农业科学院院长的李家洋院士指出，营养强化育种已逐渐成为国际先进的作物育种主流方向，很多国家已将作物营养强化当作作物育种战略的重要内容，力求在培育营养强化作物的领域抢占先机。这迫切需要我国抓住全球发展营养型农业的机遇，尽快发展作物营养强化技术，推动学科交叉创新，从育种、种植、生产、加工、消费、营养健康评价、营养科普教育等环节，进行多层次、多维度的科研大协作，开展全产业链营养型农业研究与产业推进。

营养强化，各地在行动

在河北省石家庄市栾城区东牛村天亮农民专业合作社农业技术培训室，中国科学院遗传与发育生物学研究所农业资源研究中心张正斌研究员正在给当地农民举办"彩色营养功能小麦食品研发展望及绿色高产高效生产"的讲座。

农民朋友们看了紫色茎秆、抗旱节水、优质高产的紫色小麦苗和紫粒小麦后，对紫小麦产生了浓厚的兴趣。"我们地里富硒，种的是紫小麦。"张书义是河北栾城缘来农业专业合作社的带头人，说起种在地里的紫小麦，他特别有劲头，"去年我们缘来农民专业合作社就种了360多亩，今年天亮农民专业合作社也种了300亩。"

乍一看，他种的小麦与普通小麦区别不大，但是剥开麦皮，里面却是紫色的麦粒。张书义地里种的紫小麦，正是张正斌研究员和徐萍工程师选育的紫粒小麦品种。

"是课题组徐萍老师做的远缘杂交，将小偃麦、野生一粒小麦和黑麦复合杂交，结果发现麦粒有不同的颜色。"张正斌说，在收割小麦育种圃时的一次"意外"发现，让他们从此与彩色小麦结缘。经过10多年的钻研，张正斌现在已经选育出了蓝色、紫色、褐色等不同颜色的彩色小麦品种10个。

与普通小麦品种相比，除了颜色上的差异，更重要的是，彩色小麦的氨基酸、微量元素和维生素等营养素的含量更高。

"比如，所有7个紫粒小麦品系中的维生素E，$\beta + \gamma -$维生素E和总维生素E含量均高于标准，锌、铁、钾、硒等9种微量元素的含量高于标准。"张正斌说，多次的实验和检测表明，彩色小麦在微量营养方面确实高于国家优质小麦标准和其他普通小麦品种。

其实，在育种家们的眼中，彩色小麦并不陌生。

"黑小麦76""黑秦1号""中普黑麦1号""中普绿麦1号"等小麦品种不仅在颜色上区别于普通小麦，在营养含量上也更胜一筹。据媒体报道称，"黑秦1号"微量营养元素铁、锌含量分别是普通小麦的19.2倍和4.1倍，且锰、铜、硒、镁、钾、磷等营养素含量也超过普通小麦。

事实上，国际上推广强化面粉已经有80年的历史。2002年，国家公众营养与发展中心向全国公众推荐并逐步强制食用"7+1"营养强化面粉，即在面粉中强化维生素 B_1、维生素 B_2、烟酸、叶酸、钙、铁、锌，而西部地区在上述 7 种营养素的基础上再增加维生素 A。

"中国作物营养强化"项目秘书、中国农业科学院生物技术研究所研究员王磊介绍，与传统的食品强化或补充营养药物的方式相比，作物营养强化有其独到的优势。王磊表示，营养强化的作物生产简单，易于推广，食用方便且安全，受益人群广泛。此外，作物营养强化也比较经济有效。

"作物营养强化只需要一次性投入，育成的强化品种就可以源源不断地供给，不再需要额外支出。"王磊说。

以该项目培育的 β‑胡萝卜素甘薯新品为例，营养干预试验和人体检测结果表明，食用富含 β‑胡萝卜素的甘薯可以明显改善儿童体内维生素 A 缺乏的状况，而通过作物营养强化甘薯的推广，每 1 元的投入可以产生 300 元左右的效益。正因如此，广大农户的种植积极性也非常高。

"农作物育种不仅要关注作物的产量、品质和抗性，同时也需要关注人体健康必不可少的微量营养素的含量。"王磊认为，作物营养强化代表了学科发展新的方向，也是作物育种的前沿领域。

中国农业科学院作物科学研究所选育的小麦品种"中麦175"就是一个高铁、高锌含量的小麦品种，目前，该品种已经通过了两个区域国家审定及五省（市）的品种审定，推广面积达 500 万亩左右。

不过，张书义倒看中了紫小麦的"营养"。他的老家河北栾城恰地处在冀中南富硒带，他在天然富硒的土壤中种上了营养强化的紫小麦。"磨出来的是富硒的紫麦粉，不但好吃，还有营养。"张书义说。

"这种面粉的售价比普通面粉能高几倍呢"，张书义说。最近他开始琢磨起了面粉的精深加工，很快他就发现，这块市场还有大片空白。

张正斌认为，相关产业没有做大，与缺乏政策支持和指引有关。"相关的研究还没有得到重视，只有极少数的品种通过审定，在种植与推广上也全靠农民自己'扑腾'。"

据张正斌观察，国内外都有相关的产品上市。例如，日本黑五本铺株式会社已开始经营包括黑小麦在内的黑色食品；新加坡已经利用紫麦和紫玉米加工了紫麦方便面。而国内也有紫麦月饼、黑小麦富硒醋、黑小麦麦片等产品，但大部分开发的仍是初级的加工产品。

事实上，除了营养强化农作物的精深加工，作物营养强化技术本身在食品加工领域也有着很好的利用前景。例如，苏州硒谷科技有限公司就利用作物营养强化技术，生产矿物质植物营养剂和生物矿物质食品添加剂，将其用于食品的加工与生产。

"希望国家组织科研力量攻关，并予以优惠政策和项目支持，加快营养强化功能食品的产业化。"张正斌呼吁，作物营养强化及其产业化值得更多的关注。

产业化建设要迈几道坎

站在13年积累的科研成果的起点上，整合各方资源、展开与企业合作、通过新概念的引入和具体商业行为将成果推向市场似乎水到渠成。但是，在张春义看来，中国作物营养强化的产业化仍需更成熟的条件和时机。

目前，"健康中国"已成为一项国家战略，对卫生、医疗、健康的重视提高到了前所未有的高度。"民以食为天"，作物营养强化则是从源头入手，从农业的角度提出改善全民营养健康的解决方案。张春义建议，首先应该予以作物营养强化产业化的发展更多关注，以更好地发挥农业在提升全民健康水平中的作用。

其次，一些标准的修改、制定和出台也很迫切。实际上，作物营养强化为我国作物育种适应新时期农业发展方式的转变与保障食物安全奠定了新的育种方向：农作物育种不仅要关注作物的产量、品质和抗性，同时也需要关注人体健康必不可少的微量营养素的含量。张春义呼吁，在相关标准的制定上，应该在产量的要求之外，对微量营养素和其他必要营养物质方面达到什么水平做出规定。

不仅仅是育种，标准还涉及生产出的末端产品。"消费者直接摄入的产品应该达到一个什么样的水平，比如微量营养素的水平。从食品产业角度来说，也应该加强这方面标准的制定。"张春义说。

另一个限制因素在于人。张春义表示，由于多学科交叉，作物营养强化需要知识结构完善的复合型人才，但这样的人才目前"非常缺乏"。

此外，产业发展的环境仍待提高。尽管"吃得健康"已开始逐渐受到推崇，但总体来看，公众的营养健康观念仍需加强。"如果生产出来的产品没人消费，产业也无法发展，"他说，"想要打造良好的产业化发展环境，应该加大科普的力度和投入，提高全体国民对营养健康的认识水平。"

张春义还强调，政府在提高人口素质、促进产业发展过程中的作用极其关键，"只有加大资金投入，给予优惠政策，为企业创造好的产业环境，汇集各方面的支持，才能把这件事情做好。"

为此，专家呼吁要以营养敏感型农业为核心优化农业和粮食系统，形成以人类健康营养需求为导向的现代食物产业体系，最终解决我国人群"隐性饥饿"和营养失衡问题。

相关链接

现代农业间接导致"隐性饥饿"

　　集约化现代农业的耕作造成了农产品维生素和矿物质元素的缺乏，间接导致了"隐性饥饿"。现代农业致力于培育新品种，提高作物产量、抗病虫害和适应气候的能力，低产量的品种不断被淘汰，高产量的新品种得以延续。当农民改种一种产量更高的作物品种时，这些新品种吸收养分的能力却没有跟上其快速生长的步伐，结果导致作物微量元素浓度的降低。此外，在现代集约型农业生产方式下，严重的土壤侵蚀会带走表土的矿物质；现代农业的大规模生产偏重施用化肥而少施甚至不施有机肥，收割时将地上部的收获物从田间带走，使得微量元素得不到外源补充；农药的过量施用降低了微生物对土壤矿物质的转化能力。

4.5 礼让三先夺高产

导读 | 如同在道路上行车要礼让三先，在一块地上种植玉米和小麦，也要让两者相互礼让，方能夺得高产。

通常，在一块土地上种植多种作物，受水分、营养等供给资源的限制，往往难以使它们都增产，农业科学院是如何做到的？采访中，一位科技人员的玩笑"我们的小麦专家都开始为玉米说话了"，让笔者发现成功的秘密。

"小麦专家为玉米说话"是指，在北方适合小麦玉米连作的地区，为了实现全年亩产吨粮的目标，将一部分本该属于小麦的光热水肥条件让给玉米，发挥玉米的增产潜力，产量从 400 千克提高到 600 千克；同时，保持住小麦 400 千克的产量，两者相加，实现吨粮的目标。

做科研，通常是干什么就吆喝什么：小麦专家会说小麦的重要，玉米专家会强调玉米的重要。但在遇到"多因一效"问题且这些"因"还存在竞争关系之时，如果仍唯我独尊，就不一定明智了。假使小麦专家不把水光热资源让一点给玉米，小麦的产量可能不受损失，但玉米不能增产，吨粮田的目标就会落空。

农业科学院的成功做法，启示我们要用系统工程的原理去组织科研，打破学科、部门、课题组界限、相互协同，形成"多因一效"的良好局面。从"两弹一星"到载人航天，从人工合成胰岛素到杂交水稻等，都证明了科研大协作争取"多因一效"的意义。

遗憾的是，目前在多数科研领域，画地为牢、各自为战的局面并没有改观。院所之间，研究室之间，甚至课题组之间仍有各种有形无形的栅栏，申报相似课题时，不仅通气少，甚至相互贬低。如此"围墙"不打破，不仅导致无效的低水平重复研究，也使有限的科研经费成了"胡椒面"，大家都难以获得重大科技成果，难以形成核心竞争力。

在科研分工日益细化的当下，要想战胜重大科技挑战，单靠一项技术、一个学科单打独斗已难奏效；不同系统、不同学科、不同单位的专家，应该相互补台、密切合作、协同创新。

例如，在研究雾霾问题时，火电专家能否为核电和风电说说话，煤炭专家能否为天然气说说话，汽车专家能否为自行车说说话？再如，治理交通拥堵，公交专家能否多考虑一下地铁的优势，汽车专家能否多摆摆骑车出行的好处？

如果相关行业的专家都能从大局出发，破除一亩三分地的狭隘观念，既看到自己的长处、也看到对方的优势，以人之长补己之短，让有限的资源得到最为科学、合理的分配，相信许多复杂的科技问题会解决得更快更好。

4.6 抗旱要有新思路

导读 | 抗旱不光是想方设法去灌溉，与其让高耗水作物喝个饱，不如种些喝水少的作物。这种想法不仅可行，而且很有效。

目前，北方的许多地方正在紧张地抗旱。其实，抗旱也可以换个思路：一方面，想尽一切办法浇水，让庄稼及时得到灌溉；另一方面，我们也不要拒绝庄稼本身的抗旱功能，合理种植一些耐旱的作物。与其让高耗水作物喝饱，不如种些喝水少的作物，同样能达到抗旱夺丰收的目的。

我们已经实现了粮食丰收连年增产的目标，这些粮食主要依靠占国土面积 10% 左右的耕地来生产，但占国土面积 13% 左右的林地却没有发挥其生产木本粮油的功能，面积是耕地面积 3 倍的草地也被忽视。

以谷子为例。谷子起源于我国，已有 7 300 多年的栽培史。谷子具有耐旱耐瘠、耐贮存、粮饲兼用等特点，被誉为中华民族的哺育作物。我国谷子产量占世界的 80%。谷子具有突出的抗旱节水性，其种子萌发需水仅为自身重量的 26%，而高粱、小麦、玉米分别为 40%、45% 和 48%。谷子的蒸腾系数仅 257，而玉米和小麦分别为 369 和510，即同样的产量，谷子较玉米、小麦分别省水 30% 和 50%。

经过多年攻关，我国谷子产量水平显著提高，新品种大面积亩产350~400千克，小面积突破600千克，杂交种最高亩产达810千克。我国谷子种植面积曾在1952年达到1.48亿亩，是最高峰年份。近年来，谷子种植面积下降。

我国木本粮油种质资源十分丰富，种类繁多，培育历史悠久，全国大部分地区都有广泛分布，开发价值和潜力巨大。2008年，全国油茶籽产量99万吨、核桃83万吨、板栗145万吨、枣（干重）164万吨、柿子（干重）88万吨。核桃、板栗、松子仁的出口量分别达到5.93万吨、6.3万吨、4.77万吨，其中核桃和板栗的出口量分别占国内总产量的7.14%和3.29%，并且近5年核桃出口量平均增幅为18.06%，市场前景广阔。

然而，这样一个潜力巨大的产业却因为人们的认识不到位、重视程度不够，导致科学研究薄弱、品种退化、加工手段落后、资金投入不足、企业和农民积极性不高等一系列问题，制约着林业支援农业的潜力发挥。

另外，草地除了生产肉蛋奶外，也能生产"粮食"。福建农业大学研究成功以草为原料培养食用菌的技术并大面积推广。草地还能生产饲料、果酒等系列产品，从消费的角度来替代粮食的消耗，因为饲料和酿酒消耗了大部分粮食。同样，也起到抗旱夺丰收的效果。

种植传统粮食作物固然十分重要，需要足够的水资源保障，但通过作物本身来抗旱，可以降低单位农业产值的用水率。2011年中央一号文件强调要提高用水效率，显然，种植低耗水植物是抗旱的一种新思路。

4.7 中国智慧启迪跨国公司

导读 中华农业文明蕴含丰富的哲理。不曾想外国人积极尝试，却获得巨大成功。类似的例子不胜枚举。在学习国外先进技术的同时，绝不可以丢掉自己传统文化中的智慧。

被誉为世界营养研究先驱的卡尔·宏邦是纽崔莱营养食品的发明人。有趣的是，他是在中国获得灵感后发明营养食品的。

1915 年，卡尔·宏邦来到上海。他发现，以新鲜蔬菜和谷物为主要食物的穷人很少患脚气病；相反，以吃精制白米和肉类为主的富裕人家大多患有脚气病。卡尔·宏邦认定，糙米的稻壳中含有一种能治疗脚气病的物质，于是开始动手试制营养食品。1926 年，卡尔·宏邦回到美国，加利福尼亚广阔的平原上普遍种植了多年生草本植物"紫花苜蓿"，宏邦发现，这实际上就是在中国江南一带很受欢迎的野菜"草头"，他用从中国获得的灵感，把营养食品开发的重点转移到了"紫花苜蓿"上。1934 年，宏邦终于研制出第一批营养食品，创造出享誉中外的品牌。

卡尔·宏邦的经历，给我国农业科技的发展带来许多有益的启示。

启示一：要以不断创新的理念开展研究工作。卡尔·宏邦之所以能够获得成功，首先在于他能大胆设想、不断创新，这种创新不仅是技术的创新，更是思维的创新、观念的创新。由此可见，创新不只是科学家在实验室里才能进行的，日常生活中到处都存在着创新的机遇，关键是要用创新的眼光观察事物，思考解决问题的办法。

启示二：要以人为本来开展科学研究。卡尔·宏邦之所以能够获得成功，还在于他研究的目的是为了人的健康，是以人为本的，所以具有强大的生命力和广阔的发展前景。其实，农业的根本目的是为人类提供充足、健康、有营养的食物，如果我们把追求产量、追求数量作为衡量农业发展程度的主要标志，而忽视了食物的安全与营养，不仅会影响农业的发展，还会影响人类的健康。

启示三：要经得起挫折，耐得住寂寞。1926年，当卡尔·宏邦搭乘一艘美国货船回到美国时，兜里只剩下20美元。他只得靠打工挣几个小钱维持生活，但他仍然利用工余时间研究营养食品。笔者也曾见过一些有识之士开发农业项目，项目选得也不错，前景也看好，创业者起初干劲也很大。可是过了几年，再去看他们，发现早已人去楼空，原因是农业科技出成果较慢，研究人员耐不住寂寞，只能半途而废，令人惋惜。

现在，我国已经加入了世界贸易组织，我国农业也遇到了前所未有的挑战，但同时也迎来了空前的机遇。我国古代的劳动人民曾创造了辉煌的农业文明，积累了丰富的经验。在新的世纪里，只要我们充分挖掘我们的文化宝库，吸收其中的精华，再结合现代农业高新技术，大胆创新，那么，我们就一定能为人类的农业文明作出更大的贡献。

4.8 蜜蜂下地干农活

导读 说起蜜蜂，人们自然会想到香甜的蜂蜜，还有童年被蜇的可怕回忆。中国热带农业科学院的专家却让蜜蜂下地干起了农活，真不可思议。

提起蜜蜂，不由让人想起香甜可口的蜂蜜、蜂王浆以及蜂胶等保健品，或者曾经被蜂蜇过的痛苦回忆。其实，蜜蜂还可以帮助人类"种庄稼"。

头戴一顶草帽，高景林带着自己的蜜蜂在海南岛上"种庄稼"，忙得不亦乐乎。"社会上流行的蜜蜂只能生产保健品这个传统观念，是一个不小的误区，蜜蜂最拿手的是传花授粉，蜂蜜等保健品只是蜜蜂辛勤劳作的副产品。现在，许多地方的农村缺少劳动力，正好请蜜蜂下地帮我们干农活，授粉、产蜜两不误！"高景林指着正在飞舞的蜂群对记者说道。

高景林是中国热带农业科学院环境与植物保护研究所副研究员，国家蜂产业技术体系儋州综合试验站站长、中国养蜂学会常务理事、海南省蜂业学会会长。2010 年，学习蜜蜂专业出身的高景林离开任职多年的所办公室主任岗位，向所里申请了 6 万元科研经费，开始了让蜜蜂传花授粉、帮助农业增产的探索。

走出办公室，深入田间地头和农民拉家常，高景林了解到，作为全国最大的冬季瓜菜基地，海南也同全国一样，面临着用工荒的实际困难。以黑皮冬瓜为例，过去人工授粉的工资是每天20元，这几年先后上涨到40、60、80、100、120元，这还不算，如果稍稍遇到点不顺心的事，雇用的工人甩手就走，严重制约冬季瓜菜规模化生产。

"蜜蜂是天生的传粉能手，蜜蜂身上有许多毛，在采蜜的同时无意间均匀地为瓜菜授粉，而且一点也不破坏花的结构，授粉时机和效率高得惊人。"高景林说，因为生存环境和农药污染等原因，野外蜜蜂越来越少，许多地方的冬季瓜菜只能采用人工授粉，有的只能喷洒激素。从实际效果看，人工授粉的效率、效果无法同蜜蜂相比。

2011年2月，在海南省儋州市王五镇山营村委会枝根村，高景林兴冲冲地带着10箱自己的蜜蜂前来为农民的黑皮冬瓜授粉，没料到却吃了闭门羹，合作社的负责人说啥也不同意，怕蜜蜂蜇人，影响人工授粉。

经过不懈努力，2013年，高景林终于打开突破口，蜜蜂授粉的效果十分明显：在儋州市南丰镇和中和镇两地，高景林组织蜜蜂345群，对黄楚成、杨洪德等种植大户的1 100多亩黑皮冬瓜，进行蜜蜂授粉技术试验示范。结果表明，蜜蜂授粉与人工授粉相比，结瓜率提高1%，亩产提高0.5%；人工授粉费用平均210元/亩，蜜蜂授粉费用平均85.2元/亩，蜜蜂授粉比人工授粉费用平均每亩节省124.8元，为瓜农节本增效13.7万元，蜂农授粉收入增加7.6万元。2013年11月23日，在儋州市农技中心举行了"万亩冬瓜蜜蜂授粉合同签字仪式及蜜蜂授粉技术培训班"。彭成种植专业合作社与儋州山源养蜂专业合作社共同签署了万亩冬瓜蜜蜂授粉合同，由儋州彭成种植专业合作社投资75万元租下了2 500箱蜜蜂，准备在2014年年初为

10 000亩黑皮冬瓜授粉。这是目前全国单笔金额最大的蜜蜂授粉订单，将为翌年大面积推广冬瓜蜜蜂授粉技术打下良好基础。

"蜜蜂进了冬瓜田，花间蜂忙人清闲，省工省时又省钱，瓜农蜂农心里甜。"高景林用这首小诗表达了自己喜悦的心情。

高景林说，海南有300万亩冬季瓜菜，假如有100万亩采用蜜蜂授粉，每亩按增收200元计算，就可以为农民增加收益2亿元。

高景林也有忧虑，虽然海南中蜂具有耐高温高湿、繁殖快等特点，在热带高效农业授粉，特别是大棚冬季瓜菜和南繁种业方面具有优势，但海南中蜂资源保护与利用缺乏系统研究，至今未建立保种场和保护区，特别是近年来，广东、广西和福建等岛外中蜂大量入侵，岛外中蜂数量目前已超过5万群，是海南原有中蜂数量的5倍以上，而且人为分布在海南各地。目前海南中蜂原种数量越来越少，只有在偏远山区、交通不便的自然保护区附近的黎族、苗寨少数民族居住地，才能找到，抢救海南中蜂已刻不容缓。

针对这些问题，高景林认为迫切需要开展海南中蜂资源挖掘性保护与利用研究，他希望在有关部门的大力支持下，在原始的山区寻找幸存的海南中蜂，建立海南中蜂保种场或保护区，为以后研究、扩繁提供丰富的种源基础，以便让更多的蜜蜂帮助农民"种庄稼"。

4.9 点薯成金

导读 | 红薯，学名甘薯，又称红苕、白薯、地瓜、番薯等，在粮食短缺的年代，许多人靠它度过最困难的日子。如果像马铃薯一样深加工成主食，甘薯这个神秘的物种便又神奇起来。

2006年6月17日，在农业部举办的马铃薯主食产业座谈会上，四川光友薯业新近研发推出的马铃薯全薯粉丝酸辣粉，为马铃薯主食产业增加了一个新的品种，受到农业部领导的关注和与会代表的好评。

光友薯业在创始人邹光友带领下，致力于甘薯、马铃薯的精深加工，不断进行科技创新，经过24年不懈努力，打造出著名品牌，给人以启示。

掀起粉丝"四次革命"

1960年出生于四川三台农村的邹光友，是个从薯区走出来的农家孩子，从小就与甘薯结下情缘。20世纪六七十年代的四川薯区，家家户户靠种甘薯、吃甘薯为生，邹家也不例外。甘薯，在邹光友的童年、少年时期，留下了太多、太深的印记。

1982 年，邹光友从西南农业大学毕业后回到家乡工作，发现了"甘薯越多越穷，越穷甘薯越多"的怪圈。1990 年，时任四川三台县建设区科技副区长的邹光友，看到薯区农民"种薯容易卖薯难，甘薯增产不增收""人吃 1/3，猪吃 1/3，烂掉 1/3"的窘况，他决定发挥特长，开始自费潜心研究甘薯深加工，并带领薯区农民搞甘薯精加工。

1992 年冬天，大学毕业 10 年，身为政府官员的邹光友，怀揣500 元钱，骑着一辆自行车，只身来到绵阳，在一间不到 20 平方米的小房子里，开始了他艰辛的甘薯创业历程。

20 多年来，光友薯业始终坚持科技创新，自主研发，率先在我国粉丝行业掀起粉丝"四次革命"，开发出系列光友产品，畅销国内外。目前，拥有自主知识产权的专利技术 70 项，其中 22 项为发明专利。

1997 年的一天，邹光友在家里看到侄儿吃方便面，突发奇想，具有几百年历史的甘薯粉丝可不可以像方便面一样不用下锅煮，泡着吃？从此，他便着迷于"泡食粉丝"的研究，油炸？保鲜？烘干？还是？第 1 001 次试验，功夫不负有心人，终于，世界上第一碗可以泡着吃的甘薯粉丝诞生了！

从此，粉丝必须下锅煮的历史结束了，甘薯粉丝像方便面一样，开水一泡即食，粉丝外观晶莹剔透，口感柔软滋润、爽滑劲道、鲜香可口，再精选地道的四川辣椒、花椒、醋等调料，制成酸辣粉、肥肠粉、麻辣烫、红烧牛肉等 10 余种四川小吃风味，真是既方便、又美味、更健康。特别是光友酸辣粉，"酸得开心，辣得过瘾！"消费者有口皆碑。邹光友因此获得"中国发明专利"，被誉为"方便粉丝之父""方便粉丝发明人""方便粉丝专家"称号。

邹光友乘胜追击，连续发起粉丝的四次革命。

第一次革命：1992 年，发明精白甘薯粉丝，取消用硫黄熏粉丝。

去除甘薯淀粉中的泥沙等杂质，使传统的甘薯粉丝由粗、黑、沙、涩变为细、白、柔、润，将传统工艺中用硫黄漂白粉丝的做法彻底废除，把粗黑的"黄脸婆"打扮成"俏姑娘"，保障了甘薯粉丝更安全卫生。由此，光友精白甘薯粉丝获得中国发明专利。

第二次革命：1997 年，发明方便粉丝，光友粉丝跻身于快餐行列，全机械化作业，密封包装，一泡即食。用一流机械化生产线生产方便粉丝，杜绝了粉丝在生产过程的污染，避免粉丝在市场流通领域的二次污染。光友方便粉丝让消费者在快节奏的生活中体会到方便又安全，受到广大消费者的青睐。由此，光友方便粉丝获得中国发明专利。

第三次革命：2000 年，发明无明矾粉丝，取消对身体有害的添加剂明矾，用可食用、对人体健康有益的天然原料，再加上工艺技术的革新，从而替代了不利健康的明矾。明矾是传统粉丝加工的必需添加剂，主要用于防止粉丝粘连、断条、浑汤。常吃含明矾的食物，铝离子就会沉积在人体中，危害人体健康，沉积在骨骼中，会导致骨质疏松、骨折，关节疼痛等；沉积在皮肤中，会使皮肤弹性降低，皱纹增多。光友粉丝率先在全世界范围内主动在粉丝生产过程中，通过技术革命取消明矾，排除了明矾对人体健康的危害，捍卫粉丝食品安全。由此，光友无明矾粉丝获得中国发明专利。

第四次革命：2005 年，发明全薯粉丝，在保证粉丝安全的条件下，让粉丝更有营养，即充分保留甘薯中的天然营养物质，更有益于人体健康。将粉丝的生产从基地原料甘薯栽培开始抓起，保障原料甘薯的食品安全。采取甘薯不经制备淀粉，将洗净的新鲜甘薯或甘薯全粉直接加工成粉丝。保留了甘薯中的膳食纤维、蛋白质、矿物质、维生素等多种营养成分，实现了从原料到成品的食品安全保障，并且将"低贱"的甘薯价值提高了 30 倍，使消费者吃到有甘薯风味的、富有甘薯营养的全薯粉丝。由此，光友全薯粉丝又获得中国发明专利。

光友薯业拥有自主研发平台和团队，公司的技术研发中心面积2 000余平方米，研发中心在甘薯淀粉、方便粉丝、全薯营养粉丝、薯类加工设备、粉丝加工设备等方面的研发能力和技术创新能力排名全国第一。光友薯业技术研发团队 68 人，在国家和省级刊物上发表了关于甘薯等食品学术论文 100 余篇。光友薯业被农业部授予"国家薯类加工技术研发分中心"；被四川省经济和信息化工作委员会等认定为"四川省企业技术中心"；建成了"国际马铃薯中心——中国科技示范基地"、全国"农产品加工企业技术创新机构""四川省马铃薯工程技术中心"。2014 年被农业部授予"全国主食加工业示范企业"。

目前，光友粉丝已畅销北京、上海、成都、西安、郑州、拉萨、哈尔滨等大中城市，并远销美国、俄罗斯、日本、加拿大、澳大利亚等国家。先后获得"农业产业化国家重点龙头企业""全国食品工业优秀龙头食品企业""中国名牌""中国驰名商标"等多项荣誉。

打破 500 年的薯业怪圈

甘薯，又名红薯，又称红苕、白薯、地瓜、番薯等，原产南美洲的秘鲁，野生于安第斯山脉，品种有 1 800 余种。

甘薯，是个神秘的物种。

哥伦布于 1492 年发现新大陆，便开始了南美洲的通商之旅，甘薯便从南美洲经太平洋传入亚洲，其中，最先传入东南亚各岛国。

万历二十一年（公元 1593 年），当福建人陈振龙手握绞入薯藤的吸水绳，混过关卡后，经七昼夜航行登上福州时，甘薯传入了中国。

甘薯被福建人称为番薯，随后又称为金薯，后来经陈振龙六代子孙的努力，将甘薯从福建推广到全中国。

2005 年 4 月，秘鲁副总统访问光友薯业，他们惊叹这个源自自己国家的古老作物，在中国的命运如此神奇。为了发展甘薯事业，他们决定与光友合作。

2005 年，邹光友踏上"光友甘薯之路"的征程：探索神秘的甘薯发源地秘鲁；与国际、国内科学家共同探讨甘薯开发技术和产业发展；考察美国、日本等先进的甘薯品种培育、种植、加工以及销售市场；光友产品进军美国、加拿大、意大利、日本及东南亚等市场销售；2008—2011 年，组织召开三届"光友'甘薯之路'国际研讨会"，与全世界甘薯专家共同探讨甘薯产业的发展前景和美好未来。

至 2013 年，邹光友通过 21 年创造出甘薯产业的经营模式及技术。未来 20 年，他将打造出甘薯产业链，即除开发甘薯块根、全粉、淀粉、粉丝外，还将开发紫薯花青素、紫薯口服液、甘薯膳食纤维等系列保健食品；开发甘薯地上藤蔓及脱水甘薯尖、紫薯茶等系列绿色食品，并向甘薯原料加工供应、甘薯原料标准化种植等上游业务发展；同时，向市场营销策划、国际国内贸易等下游业务发展，实现"百亿光友"的宏伟战略目标。

邹光友的事迹引起了国际反响，国际马铃薯中心的刊物以《点薯成金》为题发表了邹光友的故事，并邀请邹光友访问国际马铃薯中心（CIP），CIP 主任帕莫娜热情地接待了邹光友，并在致辞中说："我了解邹先生是从 CIP 中心刊物《农村里的故事》中刊载的《点薯成金》的文章中开始的，邹先生的工厂是国际社会认同的最大的薯类方便粉丝生产单位，欢迎邹先生到我们中心考察，您为人类的薯类开发作出了重大贡献，我们希望这次考察能再次推动薯类事业的发展。"

光友薯业取得的成就不仅得到国际专家的一致好评，还被国际马铃薯中心列为国际马铃薯中心中国科技示范基地，标志着光友薯业成为国际薯类研究合作者之一，迈上了一个新的台阶。

500年前，甘薯由南美传到菲律宾，再由菲律宾传到中国，光友薯业将其加工成方便粉丝，使其价值提高了近23倍。而今，甘薯摇身一变，又回到了秘鲁，光友薯业彻底打破了500年的薯业怪圈。

带动薯区农民脱贫致富

四川光友薯业有限公司为农业部2000年认定的第一批国家农业产业化重点龙头企业。多年来，公司通过薯类种植、加工带农增收，保障薯类产品质量安全，保护环境，保障员工健康、福利等方式履行着社会责任。

通过"公司＋协会＋合作社＋农户"的利益联结方式，以带动薯区农民脱贫致富为宗旨，把薯区作为第一生产车间，积极推广优良甘薯品种、高产栽培技术、淀粉加工技术，促进农民增收。

光友薯业通过绵阳市薯业协会，向基地农户、合作社签订红薯种植回收合同，2015年通过订单合同方式，与1.6万户农户签订5.65万亩订单合同。向基地农户推广优良品种，并在种前、种中、加工进行技术培训与技术指导。基地淀粉型甘薯单产由2010年的亩产2000千克，提高到2015年亩产3500千克，梓潼南沟基地甘薯亩产高达5510.84千克，薯农亩收入从1200多元增加到3500余元；紫薯单产由2010年的亩产不足1000千克，提高到2015年亩产2200千克，薯农亩收入从1300多元增加到3520余元。这些大大提升农户的甘薯种植信心，带动周边甘薯种植基地达10万亩，为薯区农民实现产值4.5亿元，增收9940万元，户均增收3313万元。

光友薯业通过免费技术培训，先期免费提供淀粉加工设备等优惠政策，向10万亩种植基地建立18个淀粉初加工厂。累计向全国推广甘薯加工户2万余户，为薯农创造收入38000多万元，户均创收1.27

万元。

免费推广优良品种、高产栽培技术。公司通过科研院所，共计为种植基地免费引进、推广淀粉型甘薯品种 8 个、紫薯品种 4 个、叶用薯 2 个、马铃薯 3 个；2014—2015 年，为种植基地免费开展种植培训 4 000 人次、初加工培训 1 000 人次。

光友薯业在生产中采用先进的清洁生产工艺及环境处理装置，建有原值 1 200 多万元的废水处理装置。在产品开发方面注重产品营养及环境保护，公司在原无明矾方便粉丝的基础上，开发出光友"全薯粉丝"，直接将全部甘薯加工成方便粉丝，保留了红薯的膳食纤维、维生素、黏液蛋白等营养成分，将甘薯的利用率从 18% 提高到 35% 以上。同时，不经制备淀粉，减少了淀粉生产过程中废水、废渣的排放。整个生产过程较传统粉丝生产节约电 56.3%、天然气 30.77%、水 84.37%；排放废水下降 89.28%；排放废渣下降 95.83%；大大减少了对环境的污染。

光友薯业还坚持慈善捐赠，履行社会责任，先后支持 4 名贫困山区学生上学。在贫困山区，通过免费提供薯种、免费提供淀粉加工设备、垫付设备款、免费提供种植加工技术等方式，支持 26 户甘薯种植户及淀粉加工户。先后为游仙徐家镇伟清小学、北川雷鼓镇八一小学、吴家小学等学校捐款捐物。

光友薯业根据国家马铃薯主食产业政策导向及市场导向，在持续开发甘薯方便健康主食产业的同时，加大马铃薯主食产品的开发力度，将马铃薯开发成马铃薯全薯粉丝、马铃薯面皮、马铃薯早餐等色、香、味、形俱佳，消费者喜欢的产品，吃了还想吃的产品，为推动我国马铃薯主食产业发展、助农精准脱贫作出了应有的贡献。

2016 年 3 月 3 日，光友系列产品中的"光友全薯粉丝""光友紫薯粉丝""光友甘薯粉皮"被绵阳食品产业协会授予"绵阳特色食品"

荣誉称号。

2016 年 3 月 4 日，光友薯业迎来了非洲乌干达的战略合作伙伴，并签订了《战略合作协议》。未来，光友薯业将会把品牌、技术延伸到非洲。

光友薯业 24 年持续发展甘薯健康方便主食产业，通过技术创新，获得 70 余项国家专利，实现薯业产业化，发展成为全球知名企业。光友方便粉丝获中国名牌、中国驰名商标，光友薯业获农业产业化重点国家龙头企业、全国主食加工业示范企业、全国食品工业优秀龙头企业、全国守合同重信用企业，并先后在四川、河北、河南建有生产厂，带动数十万薯农脱贫致富。光友方便粉丝还出口到美国、英国、俄罗斯、日本等国家，受到消费者喜爱。

最近，邹光友发布了光友薯业未来马铃薯方便主食产业战略发展规划，未来 5 年，实现"三个 20"的目标，即实现年产值 20 亿元，建立薯类种植基地 20 万亩，带领薯区 20 万户薯农增收致富。未来 10 年，实现年产值 100 亿元，让全世界消费者每年每人能吃到 1 包光友方便粉丝。

4.10 给树打吊针

导读 人生了病可以打吊针，树生了病能不能打吊针？西北农林科技大学张兴教授团队用科学将这个梦想变为现实，得到普遍推广。

西北农林科技大学张兴教授团队自行研制开发、通过陕西省科技成果鉴定并已获得专利的具有自主知识产权的全新型农药微肥施用技术——自流式树干注药技术，以及自流式树木注干液剂"天牛敌""缺素一针灵""黄叶一针灵"，树木营养防病注干液剂等系列产品，属国内外首创。产品具有药器合一、药剂专用，只对树木的靶标有害生物起作用，不伤害天敌昆虫，不污染环境，作用快速、适用范围广，操作安全简便、工效高，不受地理条件的限制和气候变化的影响，无水施药，用药量少等特点。可针对性地有效防治森林、城市园林、风景区绿化树木、行道树、防护林带和各种果树上的病虫害及各种因营养缺乏而引起的生理性病害等。该项技术的实施是树木病虫害防治技术上的一场革命，是一种全新的、无公害的树木病虫害防治新技术、新方法。

主要技术原理

自流式树干注药技术研究是以植物化学保护原理为指导，以农药使用无公害化为目标，在对茎干涂抹包扎法、重力注药法、打孔注药法及高压注射法等多种树干施药技术的系统研究和分析基础上，借鉴人体打吊针输液原理，依据流体力学理论和植物体内液流传导规律及相关病虫害生物学特性、发生发展规律和危害特点，研制出自流式树干注药器及其相配套的药剂种类和加工剂型，通过田间试验筛选，验证产品配方和药效，并同时进行使用技术和药剂传导机制及其残留动态研究，获取最佳产品配方、生产工艺及较为完善的使用技术基础上，进行产品的登记和试产、示范推广工作。

该注干液剂系列产品与其他树干注药技术产品相比，具有以下几个显著优点：①防治效果高；②操作简单，工效高；③用药量少，成本低；④不用加水稀释；⑤对害虫天敌安全，不污染环境；⑥不受气候、地理环境影响，适用范围广；⑦药器合一，不需专门的注药机械和动力，技术可产业化形成产品，易于企业化管理经营，能市场化操作。

其系列技术产品——杀虫注干液剂"天牛敌"在1.5~2毫升/厘米胸径剂量下防效大于95%；对食叶和刺吸式害虫在0.6~1毫升/厘米胸径剂量下防效均在98%以上；营养及营养防病注干液剂在10~30毫升/厘米胸径剂量下对猕猴桃、苹果等果树的缺素（黄化）症、根腐病及大多数叶部病害均有显著的预防和治疗作用。

产品性能及使用效果

自流式注干液剂系列产品具有药器合一、用药量少、成本低、防效高、操作简便、不兑水施药、不受气候及地理环境影响、不污染环境等诸多优点，决定了它是一种无公害的农药施用方法。可广泛应用于城市园林、行道树、旅游风景区树木、防护林带及各种果树的多种病虫害、营养缺素症等的防治，因而有很广的应用范围；尤其是对常规施药方法难以防治的一些树木病虫害如蛀干性害虫、卷叶性害虫、刺吸式口器害虫、根部和维管束病害及缺素症等均具有良好的治疗效果，因而具有非常广阔的市场前景。它的广泛推广应用必将产生巨大的经济效益，同时大大减少了农药的使用量，在加强人们对科学合理使用农药的理解，提高我国人民科学意识等方面将起到重要作用。所以，这一技术的推广应用具有显著的经济效益、生态效益和社会效益。

该成果的4个注干液剂产品已经通过中试，形成了批量生产能力。通过产品的推广、示范、人们已逐步接受了这种树木病虫害防治技术，认识到了该技术防效高、用药量少、对环境无影响等诸多优点。产品已在陕西、甘肃、宁夏、北京、山东、江苏、浙江、上海、广东、云南、四川等省（自治区）进行了大面积示范、试验和推广，已应用到了各种林木、城市绿化树、风景旅游区树木以及苹果、梨、猕猴桃等经济林木的病虫害防治，并得到了广大用户及林业、农业植保部门的认同。现正加大试验示范、推广宣传力度，采用多渠道广泛地宣传产品特性；同时和城市园林部门、各级植保、森保部门以及旅游风景区、防护林网管理部门等紧密配合，以促进该技术被更多的植保、森保技术人员、果农、用户所接受，更广泛地服务于社会。

4.11 保鲜库制冷不用机械

导读 保鲜库肯定要用机械。原北京农业工程大学（现中国农业大学）的教授们别出心裁，建成世界首座利用自然冷源的大型果蔬保鲜库，制冷不用机械，节能又无污染，值得学习和借鉴。

不用机械制冷，不耗费大量电力。世界首座利用自然冷源的大型果蔬保鲜库日前在河北饶阳通过鉴定。这座贮藏量达1 200吨的果蔬保鲜库经2年运行，显示出保鲜效果好、节省能源、无污染等优点。

由原北京农业工程大学教授李里特博士发明的利用自然冷源果蔬保鲜贮藏库，利用水在固、液态转变时可以放出或吸收大量潜热的原理，用水作基质，在冬季时将冷资源以冰的形式储存起来，同时释放出大量潜热，以保持库内温度，使果蔬免受冻害。而到了夏天，冬季所冻的冰则为全库提供了必要的低温和高湿条件，起到保鲜作用。1993年1月，从日本学成归国的李里特教授带领课题组，在饶阳建成了首座自然冷源果蔬保鲜贮藏库。

据测定，库内温度可控制在 ±1℃左右，库内湿度可保持在90%以上。与普通机械制冷贮藏库相比，同为贮量500吨左右的自然冷源库比机械制冷库每年节电15万~40万千瓦时以上，合人民币

4 万~10 万元。而且库内制冷不需专门管理人员，停电 2~3 天不会造成大的损失。试验表明，该库能将普通机械制冷无法保鲜 3 周的蜜桃，成功地贮藏了 75 天。

这为我国具备自然冷源条件地区建立果蔬保鲜库提供思路。

4.12 水果可以酿酒

导读 随着人们生活水平的提高，鲜食水果市场接近饱和，一些地方水果卖不出去，果农开始砍树。其实，果品深加工是一个很好的选择，而果酒正处于市场增长期，应该大力发展。

近几年不断有报道称：某苹果大县滞销的苹果大量积压，果农只能以很低的价格卖给客商。有些果农甚至将种植多年的果树砍掉，决定以后不再种植了。

其实，这些果树完全可以不砍，如果将这些苹果卖给果酒厂，果农的收入不仅有了保障，果酒厂也有充足的原料供应。一些地方之所以出现苹果滞销、果农砍树的现象，根本原因在于果品的深加工没有跟上，鲜果卖不掉，只能贱卖，最终导致砍树。

我国是水果大国，拥有世界上许多独有的特色水果资源，但水果的保存期较短、产业链短、市场波动影响大。在 20 世纪 80 年代，全国涌现出一大批依靠承包苹果致富的典型，带动全国苹果产业迅速发展。30 多年过去了，苹果产业追求产量和品质的发展模式似乎没有大的改变，精深加工步伐过慢，供给侧改革没有跟上，导致绝大部分水果以鲜食为主，价格受市场波动影响很大，始终跳不出"丰产歉收""果贱伤农"的怪圈。

与此同时，随着居民收入不断增加，人们对健康越来越重视，需求越来越多元化，消费结构发生了重大改变，对果酒的需求在悄悄增长，形成一支不可忽视的力量。

对此，科技部中国农村技术开发中心早就注意到这个现象，于2014年倡议成立了中国果酒产业科技创新战略联盟，搭建了政、产、学、研、用、资等多方协同创新发展平台。联盟以制定果酒标准和实地调研为抓手，发现了众多依托果酒产业发展的"特色产业扶贫案例"和"县域经济创新发展案例"，引导企业和果农发展以果酒为主的果品精深加工产业，取得显著进展，对推进我国农业供给侧改革起到了积极的示范和推动作用。

果酒，即以新鲜水果或果汁为原料，经全部或部分酒精发酵酿制而成的，含有一定酒精度的发酵酒。果酒品类丰富、营养价值高、新鲜美味、耐贮藏（2年）、价格平实、易于流通。果酒是我国最具特色的酒种之一，其产品多样化，从我国最北方漠河北极村生产的蓝莓冰酒到西北果品第一大省陕西的猕猴桃酒、柿子酒，再到塞上江南宁夏生产的枸杞果酒，再到农业大省山东生产的苹果酒、山楂酒，再到江南水乡浙江生产的杨梅酒、广西生产的香蕉酒、四川生产的梅子酒、广东生产的百香果酒……百果皆可入酒，已在全国形成百花齐放的局面。

据不完全统计，目前生产与销售企业约1 000家，以年产量3 000吨以下常见，部分企业可达上万吨。2016年，国内非葡萄酒果酒（非配制酒）产量约30万千升，约为葡萄酒总产量的1/4，其市场规模约为200亿元，年消费额正以30%的速度在增长。从产业发展上看，我国水果年产量约2.75亿吨，而用于加工酿造果酒的份额不到0.1%，果酒产业发展空间极大，资源优势明显。

国际商业巨头早已紧盯我国果酒市场。某跨国企业在我国成功占领部分啤酒市场后，已在我国新上了果酒生产线生产苹果酒。另一家果酒生产商也投资了10亿人民币生产发酵型果酒，年计划生产15万吨。

果酒的意义在于其营养价值对健康的重要作用，以及不与粮食争地的可持续绿色发展模式。数据显示，到2030年，我国的食物人均消费总量基本上定型，随着供给侧改革、产业结构的调整，有特殊营养价值的食品就有了新的发展潜力，果酒正是这样的食品。大量科学数据表明，果酒对人体健康有益，每一种果酒不仅保留了纯正果香味，同时具有药食两用价值。例如，山楂酒中含有黄酮类物质和低聚前花青素，柿子酒所含维生素C是葡萄的10倍，海红果酒能升高血钙并提高骨量，木瓜酒超氧化物歧化酶（SOD）含量是葡萄干的1300倍，可有效增强人体免疫力、延缓衰老等。

中共中央、国务院《关于深入推进农业供给侧结构性改革加快培育农业农村发展新动能的若干意见》中提出，要优化产品产业结构，拓展农业产业链价值链，加强农林产品深加工。大力发展果酒正逢其时。

与大宗农作物不同，果树的种植周期较长，新栽植的果树一般要好几年才能挂果。简单的砍树，不仅伤了农民朋友的心，也导致国家的生态和经济损失。

砍树莫如酿酒，果酒发展给其他果业带来启示：应未雨绸缪，尽早谋划供给侧结构性改革，加强农林产品深加工。

4.13 黄瓜有望制药

导读 黄瓜本是当菜吃的，如今，也有望用来制药。中国农业科学院深圳农业基因组研究所所长黄三文研究员领导完成的黄瓜苦味合成、调控及驯化分子机制研究，揭开了黄瓜变苦的秘密，或为将来开发合成治疗癌症的药物打下基础。

　　说起黄瓜，大多数人喜欢它的清甜味道，然而苦味黄瓜可能对人体更有利。国际顶级学术期刊《Science》(《科学》) 以长篇幅论文的形式发表了由中国农业科学院蔬菜花卉研究所研究员、深圳农业基因组研究所所长黄三文领导完成的黄瓜苦味合成、调控及驯化分子机制研究。这项研究揭开了黄瓜变苦的秘密，或为将来开发合成治疗癌症的药物打下基础。

　　黄三文介绍，黄瓜原产于印度，野生黄瓜在印度是作为泻药使用的。因为它的果实和黄连一样苦，轻咬一口就会让人受不了，所以没有人愿意吃。但野生黄瓜中有很多有益的农艺性状基因，尤其是对主要黄瓜病害具有非常好的抗病性，因此它们对于培育抗病黄瓜品种是非常宝贵的材料。

　　黄三文说，我们现在食用的黄瓜都是从极苦的野生黄瓜驯化来的，因此了解黄瓜驯化的遗传机制对于黄瓜品质育种具有重要指导意义。由于黄瓜缺少成熟的研究体系，研究起来困难较大。为了破解黄瓜苦味合成、调控及驯化的分子机制，黄三文团队从实验室早期积累的黄瓜基因组大数据中挖掘重要的线索，再结合传统的遗传学、代谢组学、生物化学和分子生物学等知识验证这些线索，开展深入研究。

黄三文说，这项研究揭示了黄瓜苦味合成、调控及驯化的分子机制，共涉及 11 个基因，即发现了苦味物质葫芦素是由 9 个基因负责合成的，其中 4 个基因的生物化学功能已经确证了；这 9 个基因受到 2 个"主开关基因"（Bl 和 Bt）的直接控制，Bl 控制叶片苦味，Bt 控制果实苦味；在野生极苦黄瓜向栽培黄瓜驯化过程中，Bt 基因受到选择，导致无苦味黄瓜的出现，但在逆境条件下仍然会变苦；发现 Bt 启动子区域的一个突变能够使得黄瓜在逆境条件下也不会变苦，通过精确调节果实和叶片中 Bt 和 Bl 的表达模式，可以确保黄瓜果实中不积累苦味物质，保证黄瓜的商品品质，同时提高叶片中的葫芦素含量用于抵御害虫的侵害，减少农药的使用。

黄瓜苦味物质葫芦素具有很好的药用价值。最早在本草纲目中就记载甜瓜的瓜蒂具有催吐及消炎的功效，而瓜蒂中含有大量的葫芦素。现代医学研究还发现葫芦素能够抑制癌细胞的生长，可与其他抗癌药物一块用于癌症治疗。黄三文表示，正在与有关科研单位合作研究，葫芦素的合成和调控机制一旦破解，或为将来开发合成治疗癌症的药物打下坚实的基础。

专家认为，黄三文团队综合采用了基因组、变异组、转录组、分子生物学和生物化学等多种技术手段，解决了长期影响黄瓜生产的一个重大应用问题，这是蔬菜基因组研究直接用于品种改良的优秀范例，为培育超级黄瓜提供了可供选择的育种方案。

4.14 用大豆纺丝做衣服

导读 | 大豆可以用来打豆浆，磨豆腐，发豆芽。农民发明家李官奇却要把大豆纺丝做衣服，创造出"第八大人造纤维"，令人称奇！

在世界人造纤维发展史的长长名录上，终于有了中国人的位置。他就是李官奇。

李官奇成功发明大豆蛋白改性纤维，使我国成为目前全球唯一能工业化生产纺织用大豆纤维的国家。国际纺织界称它是继涤纶、锦纶、氨纶、腈纶、丙纶、黏胶、维纶之后的"第八大人造纤维"。

然而谁又能够想到，被称为"世界植物蛋白改性纤维第一人"的李官奇只是一位普普通通的河南农民。

在许多人的眼里，李官奇如同一个"传奇"。

1977 年，高中毕业在家务农的李官奇辞去生产队长职务，开始外出创业。1985 年，李官奇在滑县办厂经营起了饲料机械制造。菜籽粕中含有有毒的芥子苷，李官奇苦心钻研，并求教于山西师范大学化学系的老师，与他们合作研制出一种新的菜籽粕脱毒工艺和设备，获得了全国第四届发明展览会银奖。

成功激励着李官奇，从那个时候起，他喜欢上了技术创新和发明创造。李官奇常年订有大量报纸杂志，还喜欢泡图书馆。1991 年的一天，李官奇无意中在一本国外杂志《化学文摘》上看到一篇文章，说豆粕里的大豆蛋白可以纺丝。李官奇想，如果这项技术研制成功了一定有市场。一个念头接着冒出来：让我来试一试完成它如何！

李官奇毅然把多年办企业的积蓄全部投向大豆蛋白纤维的研制开发。他一方面尽量收集资料，遍访名师；另一方面买来了大量有关书籍用心研读。1993 年，他投资 300 多万元建立了"大豆蛋白纤维中心实验室"。

攻克这一世界性难题，对于一个小小的农民企业家而言困难可想而知。李官奇当初原打算用 3 年时间完成研发，没想到一干就是 10 年。这些年他多方筹措，历经无数次试验，投入的科研经费高达几千万元。李官奇的家人说，在 1996 年前后最困难的时候，家里连吃饭都得到面粉厂去借，2 年多的时间里全家的餐桌上一直以咸菜为主，但李官奇始终不言放弃。

他到离家 50 千米外的浚县试验，一年到头难得回家一次。那些日子里，他在屋子中间摆了张床，四周是成捆成捆的书报杂志，其中有一大部分是外文的。李官奇找来当地中学英文老师帮他翻译。这些年他买书的费用就在 20 万元以上。李官奇以超人毅力自学了高分子化学、生物化学、试剂化学、分析化学和纤维工艺学等学科。后来有教授说，他的专业知识，比得上博士后了。

李官奇失败的次数越多，离成功的距离就越近。1999 年成为李官奇科学实验的转折点。这一年，他的大豆蛋白改性纤维制作工艺研制成功；2000 年 8 月，世界上第一条大豆蛋白改性纤维工业化生产线在遂平建成，被列入河南省高新技术产业化项目；2001 年，"大豆蛋白质纤维产业化及纺织产品一条龙开发项目"被原国家经贸委列入"国家重点技术创新项目"计划。2004 年 1 月，他获得了世界知识产权组织和国家知识产权局共同颁发的中国专利金奖。

用这种大豆蛋白改性纤维制作的面料具有独特的优异风格，摸起来柔软似绒，滑爽如丝，透气似棉麻，专家们称之为"人造羊绒"。大豆蛋白改性纤维成本低、原料充足，其成本仅为真丝的1/3、羊绒的1/15。李官奇如今已在江苏、浙江和山东等地建成了4个生产基地。现今，他又投资家乡，在焦作市和周口市办起两家企业，为家乡造福。

4.15 香菇叠罗汉　亩产 10 多万

导读　传统的香菇种植和农作物种植差不多，直接在地上种植一层。能不能多种几层？湖南的农民和技术人员大胆创新，采取温控立体多层栽培技术，能种 4 层香菇，产量一下子提高 4 倍，亩产值达 10 多万元。给人以不小的启示。

　　隆冬时节，天气十分寒冷，记者来到湘潭县石潭镇八角村采访，村民冯应龙钻进自家温暖如春的大棚内，得意地向记者介绍："过去种香菇都在地上种一层，我们现在采取温控立体多层栽培技术，能种 4 层呢，产量一下子提高 4 倍，亩产值达 10 多万元。下一步，我们还要攻克 5 层种植难关，产值还能继续增加！"

　　如今的八角村，几乎家家户户都搞起了香菇种植。"县上可重视了，张县长亲自为我们八角香菇合作社批了 10 万元科技经费，帮我们引进了年产百万棒的成套香菇棒自动生产线，把大伙从过去一家一户手工作坊式的制棒劳动中解放出来，腾出的劳动力迅速投入到扩大种植规模上。"冯应龙情不自禁地说道。作为八角村香菇种植的科技带头人，他实实在在地感受到科技兴县带来的好处：去年植菇 15 亩，产值达到 47 万元，获纯利 15 万元。欣喜之余，他把自己大学毕业后在上海工作的儿子找了回来，同他一道开发香菇种植和深加工技术。

　　在他的带领下，全村香菇种植面积由 80 亩增加到 520 亩，去年全村人均纯收入达到 12 000 元，其中 61% 来自香菇的收入。就连附近 10 多个村子也纷纷跟着种起了香菇，产品远销上海、深圳、香港等地，还打入日本、韩国市场。八角村从此告别了"稻谷加稻草"的传统经济模式下的贫困状态，驶入科学发展的快车道图。

4.16 "地下核桃" 破土结果

导读 核桃几乎可以天天吃到。而原产非洲的"地下核桃"油莎豆在我国种植成功，再次证明科学引种对农业发展的重要性。搞好农业生产，一方面要用心种好现有的农作物，另一方面还要多考虑引进更多的农作物，丰富作物类型，增加农民收入。

在湘潭采访的几天里，笔者被这里许多农民科技致富的故事所吸引。25 岁的农民大学生谭治中本来在广东打工，他在县委、县政府有关引导返乡青年创业政策的感召下，回家从当地信用社拿到 5 万元小额创业贷款，还同时得到县科技局、县科协、县农办等数万元项目经费，在专家帮助下，他通过上网、查文献等手段，跑了 5 个省，寻找了一个全国独一无二的新项目"地下核桃"。

"地下核桃"学名油莎豆，系草本根茎颗粒，原产非洲。谭治中废寝忘食，在县科技局、县科协的帮助下攻克重重难关，采用无公害栽培方法，使产量由 200 千克猛增到 650 千克，还加工出系列产品，其亚油酸、亚麻酸含量比山茶油、橄榄油高出 4%~8%，深受市场欢迎。在他的带动下，"地下核桃"已经悄然长出地面，面积迅速扩大到 200 多亩，带动 300 多返乡青年和当地农民就业，创收超过20 万元。

4.17 无壳瓜子好吃不用吐皮

导读 吃瓜子吐皮不仅是常识，似乎也很享受。可是您见过不用吐皮的瓜子吗？这个成果同样颠覆常规认知，让人眼前一亮。

一种不用剥皮的瓜子，不久前在甘肃问世并投放市场。这样，有幸吃这种瓜子的人们，便用不着吐皮了。

由甘肃省武威地区农科所培植的这种"无壳瓜子"，是通过严格的去雄套袋等杂交技术，对当地特产"西葫芦"进行杂交选育而成的。

这种经过多年培植的"无壳瓜子"，只有种仁而无种皮，瓜子仁硕大饱满，亩产量可达 60 千克左右。

它香脆味美，含有丰富的维生素及钙、铁、磷、硒、锌等人体必需的矿质营养元素，具有驱虫、化痰、止咳、利肺、防止痔疮出血和辅助治疗营养不良性贫血等功效，可预防老年人因缺锌、硒引起的综合征，亦可促进儿童的骨骼发育。

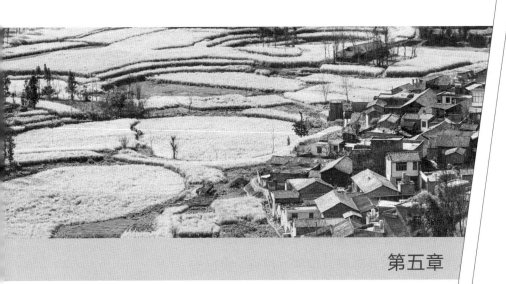

第五章

科技打造美丽乡村

本章以科技打造美丽乡村为主线，围绕乡村振兴战略实施过程中涉及环保、能源、建筑、食品安全等领域的科技创新，收集一批颠覆性成果，展示这些成果的作用和前景。

5.1 学者首创立体污染概念

导读 | 农业点污染、面源污染已经得到有关部门高度重视和治理。中国农业科学院的专家们又提出"农业立体污染防治"概念，是一个不小的创新，对防治农业污染有重要的理论和现实意义。

在 2005 年"6·5"世界环境日，记者专访率先提出"农业立体污染防治"概念的中国农业科学院副院长章力建博士。

背景：在 2005 年"6·5"世界环境日到来之际，联合国环境规划署（UNEP）驻华代表处高级协调代表邵雪民先生再次来到中国农业科学院，与农业立体污染防治研究工程中心主任洽谈农业立体污染防治事宜，引起广泛关注。

不合理的农业生产方式与人类活动造成水体—土壤—生物—大气各层面立体污染

记者："农业立体污染防治"这个概念还是第一次听说。大家都知道，农业的面源污染、点污染，而你们又提出"农业立体污染"的概念，会不会给人以一种炒作概念的印象？

章力建："农业立体污染"是中国农业科学院的一批科学家经过多年积

累采用学科交叉的方法研究并提出来的新概念，是科学家集体智慧的结晶。

记者：那么，"农业立体污染"的原理和概念该如何理解？

章力建："农业立体污染"是由不合理的农业生产方式与人类活动引起的，由农业系统内部引发和外部导入，造成水体—土壤—生物—大气各层面直接、复合交叉和循环式的立体污染，影响农业环境及其生态系统质量受损的过程，包括不合理农药化肥施用、畜禽粪便排放、农田废弃物处置、耕种措施及工业、生活废弃污染物不当处理及其农业利用等多方面。

记者：在人们的印象中，我国农业技术比欧美落后。但"农业立体污染"概念提出后，欧盟等纷纷提出合作意向，是否说明我们在这一领域处于领先地位？

章力建：欧美发达国家的现代农业技术的确比较先进，但也不能忽视我国有数千年的悠久农耕文明史。近年来，我国的农业科技创新能力有了很大提高。现在的任务就是要在我国政府部门的大力支持下，深化研究，保持在这一领域领先的优势。

"农业立体污染"危害严重近2000万公顷耕地遭受污染；化肥、农药浪费年损失达450多亿元

记者："农业立体污染"造成的危害比其他形式的农业污染严重得多吧？

章力建：是的。"农业立体污染"对生产和生活产生的影响是巨大的。首先，饮用水质质量下降和硝酸盐污染超标已严重威胁人民的身体健康和生产安全。在北方集约化高施肥量地区，20%的地下水硝酸盐含量超标。其次，化肥、农药已造成我国近2000万公顷耕地受到污染。最后，近40%的耕地受酸雨影响，严重地区的土壤酸度只在4~5.5。

研究成果表明，我国每年因不合理施肥造成1000多万吨的氮流

失到农田之外，直接经济损失约 300 亿元；农药浪费造成的损失达到 150 多亿元以上，因污染对人民身体健康和农产品质量造成的经济损失更是无法估量，近几年呈现出加重趋势。

记者："农业立体污染"如不及时治理，后果如何？

章力建："农业立体污染"具有多层面的危害性。不及时治理，将会导致从水体—土壤—生物—大气整个系统的污染，且还会影响农产品质量、人体健康、国家环境安全、环境健康。立体污染造成的经济损失是无法估量的。污染物不仅危及某个"点"和"面"，而且通过时空迁移、转化、交叉、镶嵌等过程，产生新的污染，甚至形成循环污染。

综合整治，生态效益、社会效益、经济效益并举

记者："农业立体污染"如此严重，治理难度一定也很大吧？

章力建："农业立体污染"是我国工农业快速发展、国家经济实力快速提升初期的伴生产物，治理难度肯定要大一些，是一场持久战，但完全可防、可控、可治！这需要综合整治技术，不是单项项目治理，其生态、社会、经济效益将会不断显露。

记者：治理"农业立体污染"的深层意义体现在哪些方面？

章力建：首先，运用"科学发展观"系统揭示了农业污染综合防治的本质与内涵，提出使我国在该领域的研究处于世界领先地位，有战略性拓展和提高。其次，将以生物技术为主的高新技术有机应用到农业治污的进程中，可促进一批新兴高新技术环保产业的产生和发展。再次，有助于进一步整合各部门、各产业现有的涉及农业污染治理的资源、资金、人才、技术，形成一个协调、高效的综合防治平台。最后，既有突出的生态效益，又有明显的社会与经济效益。

5.2 记者首创四维污染理论

导读 | 在长期报道农业科技新闻的过程中，笔者结合自己所学习的植物保护专业知识，很早就关注农业污染问题，也想到了"农业立体污染"的概念。在中国农业科学院采访章力建博士后，对"农业立体污染"防治研究进行了多种形式的报道，得到中央领导批示。后来笔者决定，一定要向专家学习，不断创新，再提出创新的理论和观点。经过近一年不懈努力，终于提出了"农业四维污染"理论，被《科技日报》及时刊发。

"农业四维污染"是农业污染理论的最新研究成果和进展。它是在农业点污染、面源污染和"农业立体污染"的基础上发展起来的，是对三种农业污染理论的继承和创新。简单地说，"农业四维污染"就是在"农业立体污染"的概念里再引入时间元素，将"农业立体污染"放在时间的坐标里考察和研究，从而形成"农业四维污染"的概念和理论。

"农业四维污染"的理论价值在于，它用动态的观点和方法去观察、研究农业污染问题，为农业污染研究提供了一个全新的思路和方法。所得出的研究结论更加符合实际情况，更容易指导农业污染治理工作。这是因为，农业的污染随着时间的变化而呈现出完全不同的形态，农业污染的程度和形态绝对不是一成不变的。引入时间这个概念后，可以全面研究掌握农业污染的变化特征，总结出各种农业污染发生发展的规律，从而为农业污染治理提供操作性、指导性较强的解决方案。例如，农业点污染，发展到面源污染，再进一步发展到农业立体污染，都是在时间的作用下发生的，它呈现出什么样的规律？污染源如何随着时间的变化而逐步扩大？具体来说，在每一天的 24 小时中，污染物什么时候达到最高峰值？什么时候降到最低峰值？等等。

"农业四维污染"治理实际价值在于，它可以更好地指导我们的生产和生活。具体来说，当我们掌握了某种农药在什么时段最容易扩散？对环境和人畜形成的危害什么时候最大？什么时候最小？我们就可以选择在这种农药对环境和人畜形成的危害最小且防治效果最佳的时间喷洒农药。这就避免了以前喷洒农药不太选择时间的缺陷，在最大限度追求农药防治效果的同时，最大限度地降低农药对环境和人畜形成的危害。

在实际生活中，如果掌握了污染物随时间运动的规律，就可以趋利避害。例如，在城市关于晨练究竟几时合适等问题，应该给予深入研究，明确什么时候空气最清洁，就可以提出适宜晨练的时段，供人们参考。在农村，什么时候空气质量比较好，可以下地干活，什么时候空气质量比较差，不适宜下地干活等。在结合当地气候特点和农民劳作习惯以及农时要求等许多因素，确定一个最佳方案，就可以有效降低污染物对人的危害和影响。又如，随着时间的推移，一些蔬菜和粮食中的农药残留等污染物不断降解，含量降低，这样就可以给消费者提出一个科学合理的消费建议，降低污染物对人的危害等。

诚然，"农业四维污染"理论，也承认时间对污染物的消纳作用。事实上，许多污染物随着时间的推移不断消失。在时间的作用下，许多污染物在大自然中逐步降解，对环境的危害不断降低。

承认时间对污染物的富集和加强作用，也是"农业四维污染"的理论之一。在实际生产中，一些污染物随着时间的推移不断富集、加强，对环境的危害不断增大。

当我们掌握了"农业四维污染"理论的两个特点时，就可以确定那些污染物怎么治理？何时治理效果最好等难题，就可以收到事半功倍的效果。

"农业四维污染"理论，要求研究者用更多的专业术语和指标来描述农业污染的变化规律。例如，与天气预报等结合，可以预报某种污染物的高峰时段，用一个污染指数的概念表述等。又如，如果第二天要下雨，就可以提前预报一个适宜喷洒农药的指数，以决定是喷药还是不喷药。因为，如果刚刚喷洒完农药就下雨，就会把农药冲到土壤和水体中，不仅不能治污，相反还会造污，浪费了人力物力不说，还得不偿失。

"农业四维污染"理论，还可以扩展到整个环保领域。如果把地球从形成到未来作为一个时间坐标，不难发现，地球开始时可以认为没有污染，到了农业文明和工业文明时期，污染出现并逐步加剧。那什么时候地球的污染程度最高？什么时候开始下降？什么时候人类能完全治理好地球的污染等，都是人们关注的问题。

用"农业四维污染"理论对这些问题进行研究，也有助于全球环保事业的科学健康发展。

5.3 破解抗生素滥用难题

导读 | 抗生素问题绝不是一个小问题，而兽用抗生素滥用难题直接关系广大群众的健康，关系到乡村振兴。重组溶葡萄球菌酶开启我国兽用生物抗感染新篇章，值得重视！

滥用兽用抗生素问题日益突出

在养殖业，抗生素为禽、畜、鱼、虾一路保驾护航，为满足市场需求作出巨大贡献。然而，与此同时，养殖业过度使用、滥用抗菌药物引起的兽药残留与细菌耐药性问题也日益突出。

中国农业大学兽药安全评价中心主任沈建忠院士在《我国耐药致病菌及菌群紊乱态势和防控策略研究》报告中指出：我国养殖业抗菌药物使用近年来呈快速增长趋势，目前已成为兽用抗生素使用量最大的国家之一。

中国动物保健品协会统计显示：我国目前已批准的兽用抗菌药物种类超 70 多种，1/2 以上抗菌药物用于饲料中作抗菌促长剂。2009—2013 年，兽用抗菌原料药销量翻了近 1 倍。

当今，在奶牛养殖环节中，奶牛乳房炎和子宫内膜炎的高发病率是奶牛业发展的世界难题，但抗生素的滥用使得细菌耐药性急剧增加，对奶牛疾病的治疗效果明显降低，奶牛淘汰率日益升高，给全世界的奶牛养殖业造成了巨大的经济损失。在生猪养殖环节中，高肉价、问题肉层出不穷，其中抗生素滥用也是导致这些问题的一个主要原因。因此，频繁使用抗生素而导致的牛奶和畜产品中抗生素残留也严重危害着人类尤其是儿童的身体健康，食品安全已经成为一个全国人民时刻关注的民生问题。

面对耐药细菌的猖狂进攻，人类总能找到科学的手段。1964 年，国际上首先发现了一种溶葡萄球菌酶。该酶能直接裂解细菌的细胞壁，作用机制不同于传统抗生素，可迅速将细菌杀灭，杀菌速率快，对静止期和繁殖期的细菌都有效。为此，复旦大学黄青山博士联合国务院政府特殊津贴获得者、中华预防医学会消毒分会常务委员陆婉英教授，率领科研团队经过 20 多年潜心研究，在国内率先以一类生物兽药"重组溶葡萄球菌酶粉"（莱索菲）的产业化作为生物型抗菌兽药的突破口，用于大动物疾病预防和治疗，以减少奶牛养殖中抗生素及化学药物的使用，从根本上解决了大剂量抗生素治疗奶牛疾病所造成的牛奶及乳制品中抗生素残留问题，实现了"无抗奶"。在此基础上研发的国家四类新兽药重组溶葡萄球菌酶阴道泡腾片，用于预防和治疗奶牛产后阴道炎，降低非生产天数，没有药物残留，真正实现了绿色"有机奶"。

科学解决抗生素耐药问题

黄青山团队联合昆山博青生物科技有限公司对其科技成果进行产业化，使昆山博青生物科技有限公司成为兽用领域酶类抗菌蛋白技术的全球领先者，其国际首创大肠杆菌外分泌表达重组溶葡萄球菌酶技术（PCT/CN2006/001640）已在33个国家公示，并获美国、日本、韩国、新加坡等4国专利授权，也在国内兽用领域唯一掌握大规模吨级发酵生产溶葡萄球菌酶及高效层析纯化技术（纯度大于98%）。

为了解决抗生素耐药问题，昆山博青生物科技有限公司先后承担了"国家发改委高技术产业化专项""国家星火计划""江苏省科技成果转化专项"等20余项国家和省市级课题，发展成为全球最大的重组溶葡萄球菌酶发酵生产基地，在溶葡萄球菌酶产业化领域处于国际领先地位。

重组溶葡萄球菌酶是由246个天然氨基酸组成的生物酶，该生物酶是一种肽链内切酶，其作用机制不同于抗生素，溶葡萄球菌酶直接裂解微生物细胞壁肽聚糖结构，使得细胞壁破裂而死亡。一方面，对静止期和活动期细胞直接产生裂解，细胞来不及做出机制反应；另一方面，由于细胞壁的高度保守性，微生物的细胞壁结构不会轻易发生改变，这就使得溶葡萄球菌酶不会像抗生素那样轻易诱导细菌发生耐药性。该生物酶含有锌离子活动中心，有弹性蛋白酶的作用，可以促进创面愈合，修复黏膜。正因为该生物酶是一种生物蛋白，最终会被机体吸收降解为氨基酸，不会产生体内蓄积并残留在牛奶中，对奶牛和饮用牛奶的人群没有不良影响，不会产生药物残留问题，更不会排放到环境中对生态造成影响。

为提高我国畜牧产品国际竞争力提供科技支撑

国家一类新兽药重组溶葡萄球菌酶粉（莱索菲），是一种冻干粉剂，为抗菌药，通过裂解细胞壁肽聚糖中的甘氨酸五肽键进而破坏细菌细胞壁的完整性使其死亡，从而杀灭病原菌；治疗后，子宫黏膜再生快、修复促愈、子宫自净能力增强，且无刺激无残留。

为提升我国畜牧产品品质，生物型抗菌兽药"重组溶葡萄球菌酶粉"已于 2012 年 10 月获批国家星火计划，在全国建立家畜生态健康养殖示范推广基地。该生物型抗菌兽药在生态健康养殖中的应用，不仅为国家食品安全和畜牧产业的可持续发展提供保障，也为提高我国畜牧产品的品质和国际竞争力提供科技支撑，促进我国乳制品和畜产品向世界强国迈进。

5.4 植物源农药巧防病虫

导读 防治农作物病虫害，一般都采用化学农药，但其副作用也日益受到社会关注。如果采用植物源农药，就可以有效解决化学农药的副作用问题。

植物源农药是指来源于植物，通过一定的加工工艺而制成的，可以作为"农药"来使用的一类物质。其有效成分通常不是单一化合物，而是植物有机体中的一些甚至大部分有机物质。植物源农药具有对环境友好、对靶标生物安全、不易产生抗药性、作用方式特异、可促进作物生长并提高抗病性、种类多、开发途径多等特点。尤其是其安全性和环境相容性，使得该类农药在瓜、果、蔬菜、特种作物（茶、桑、中草药、花卉、能源植物等）及有机农业领域得到了广泛关注和应用，对其深入研究也已成为近些年的热点课题。

西北农林科技大学张兴教授团队一直从事植物源农药的研究、开发、应用等工作。近 10 年来，先后主持承担了公益性行业科研专项、国家科技攻关、"863"计划等 100 余项科学研究工作；通过省级成果鉴定科研成果 20 余项，6 项获省级科技进步奖一、二、三等奖；申请专利 125 件，获得专利 83 件；主编或参编教材和专著 10 余本，发表学术论文 500 余篇。研制开发的 20 多个产品已获取国家登记并定点生产。

团队在植物源研发理论探讨、新产品开发、科学合理使用技术等方面均形成了较为成熟的理论与技术体系。与国内其他农药研究机构相比，其优势和特色主要体现在以下几个方面。

第一，于国内首次提出并逐步完善了植物源农药创制的基础理论体系，为植物源农药创制提供了系统的原理和方法。张兴教授于1995年提出了"无公害农药"的概念，随后又对植物源农药的定义和分类进行了较为深入的探讨，在此基础上提出"农药无公害化"新理念；在植物源农药开发及应用中，又创造性地提出了"植物保健与和谐植保"的植保新理论，并提出在该理论指导下，以植物"信息物质"为研究对象，进行植物源农药研究、开发与应用。应用中不应以具体有害生物为主，而应进行以作物为主体的有害生物全程生物防控技术体系。这些新概念、定义及相关原理和方法组成了植物源农药创制的基础理论体系。该体系的建立和完善极大地丰富了农药学基础理论，对我国植物源农药的研发具有重要的指导意义。

第二，对植物源农药的基础研究，点面结合，重点突出，为创制植物源农药新品种奠定了坚实基础。①农药生物资源研究。主要对具农药活性的植物进行了较系统的筛选。已完成3 000多种植物的杀虫、杀菌和除草活性筛选，发现沙地柏、大花金挖耳草、苦豆子、雷公藤、博落回、黑沙蒿、孜然、中国粗榧等30余种植物的农药活性值得进一步研究。②植物源农药活性成分化学研究。从沙地柏、雷公藤等植物中分离得到新活性化合物200多个，其中雷公藤次碱、枯茗酸等极具开发前景。③植物源农药活性物质致毒机制研究。先后对川楝素、鬼臼毒素、松油烯-4-醇、雷公藤次碱等活性成分的致毒机制进行了探讨，其中川楝素为一种新型"消化毒剂"，而雷公藤次碱为新型"肌肉毒剂"。

第三，采用生物工程法生产植物源农药原料，为解决农药生产的原料需求与自然资源不足的矛盾提供了有效的技术措施。采用细胞培养法培养出了高烟碱含量烟草细胞定向生产烟碱的株系，成功进行了中试；对雷公藤、大花金挖耳草、印楝等高活性杀虫植物，特别是雷公藤的细胞培养和发状根培养工艺进行了研究，已初步探索出生物合成法生产植物源农药的技术、工艺路线等关键技术问题。

第四，植物源农药产品研发，促进了我国农药产业由仿制向新型农药创制的发展进程。对植物源农药产品的研发实力及成果，均居国内领先地位。目前，国内登记的植物源农药品种中川楝素、烟碱、苦豆子生物碱等几个品种为自主开发并率先登记的。另外，开发的雷公藤杀虫剂、沙地柏杀虫剂、植物源昆虫引诱剂及植物源病毒抑制剂等多个植物源农药品种正在或即将进入登记。

第五，植物源农药产品的科学应用可确保有机农业健康发展。基于植物源农药的特点及应用技术，提出并构建了"作物全程生物防控技术体系"。从农田生态系统整体出发，以农业措施为基础（包括有机药肥、叶面肥），药剂防治为辅助，促进农作物抗病虫害能力为根本，恶化病虫的生存条件，掌握最佳的施药时间，将病虫危害损失降到最低限度，研究并开发出了作物全程生物防控技术体系。以"有机高粱全程生物防控技术体系"为例，针对茅台基地高粱安全生产问题，设计并研发了"有机高粱全程生物防控技术体系"，在贵州省仁怀市进行了试验、示范。结果证明，基本上解决了困扰该地区多年的瓶颈问题。2015年10月17日于贵州仁怀召开了现场验收会，2015年10月18日于贵州仁怀签订有机高粱种植10年合作合同。以此程序，通过多点试验、示范，并结合相关专业知识和多年积累的经验、教训，团队先后编制出了枸杞、设施蔬菜、茶叶等30多种农作物病虫害全程生物防治方案，这些"方案"再经继续、逐步完善，以供进一步地大面积推广应用。

第六，"整体循环、综合利用"，为植物提取残渣的处理及土传病害的防治提供了一条有效途径。从植物源农药的加工原料及其特性考虑，整体循环和综合利用研究是植物源农药研发的重点，是发展植物源农药的唯一出路。特别是在生物技术的支撑下，从生物药肥、生物能源、生化产品等方面走综合利用研究发展之路，来优化工艺、避免三废、降低成本，可能是植物源农药研发的基本途径。团队通过30多年的研究实践，经过10多年的构思，结合6年来的研究、探索和实施，对植物源农药残渣的综合利用形成以下方案：木质材料残渣经过无氧干馏后可得木焦油、木醋液、木炭及木煤气。木煤气作为燃料可用于发电等；木炭可作为固体燃料或炭基肥；木焦油和木醋液均可作为植物源农药。研发的50%木焦油涂抹剂对苹果树腐烂病、猕猴桃溃疡病、核桃溃疡病及花椒干腐病等病害的田间防效均在90%以上。以木醋液为原料，"稷优"牌木醋液——液体植物营养药肥已获得临时登记［肥（2015）临字9127号］。苦参残渣生防药肥可有效防治辣椒立枯病，且可促进植株生长，提高产量。实践证明，将植物提取残渣的处理和植物营养及作物保护相结合，通过生物有机肥、生物药肥、堆肥茶等形式进行植物提取残渣的资源化利用是可行的，为植物提取残渣的处理及土传病害的防治提供了一条有效途径。

第七，植物源农药研发平台工程技术试验条件、基础设施和设备完备，优势明显。组建的"陕西省植物源农药研究与开发重点实验室"和"陕西省植物源农药工程技术研究中心"，是国内唯一的植物源农药研究与开发的省级重点实验室和工程技术中心，并建成农药领域全国唯一的"农业部农业有害生物无公害控制技术创新中心"。

第八，研发团队成员学科交叉明显，学术结构梯队合理，国内同领域少见。经多年发展，已逐步形成了由农药学、微生物学、化学、化工、植保、昆虫、毒理、植物、植物生理生化、分子生物学等多学科专业人才组成的研发团队。目前有研发人员22人，其中12人具高级职称，70%以上为45岁以下中青年研究人员，绝大多数是知识交叉型人才，所从事的研究领域覆盖了农药学各大领域。

第九，特色鲜明的产学研一体的科学研究和人才培养体系，可保证植物源农药创制的可持续发展。团队在多年植物源农药创制和农药学人才培养过程中，逐步建立并完善了产学研结合多层次复合型创新人才培养及科学研究体系，形成了"科学研究、教学和产业化开发相互促进、协同发展"的运行机制，该成果已获得陕西省教学成果奖，并得到同行专家的高度赞誉。

第十，组建行业联盟，推动我国植物源农药行业健康发展。发起并建立植物源农药产业技术联盟、陕西省生物农药产业技术创新战略联盟等行业联盟，将高校、科研院所及企业有机结合，进而将科研、生产、应用系统化，为生态农业、绿色农业发展提供科技支撑，推动我国农业可持续发展。

经过数十年的努力，西北农林科技大学在植物源农药领域，已具有先进的实验设备和设施条件，学术梯队结构合理，研究基础雄厚，文献资料收藏丰富，国际交流广泛，在植物源农药研发方面已处于国内领先地位。

自然界中生物学的问题，应当主要还是要靠生物学的方法、手段和技术来解决。从理论角度看，现代农业、有机食品、生态环境是国际社会关注的重点，而植物源农药与其息息相关，可满足上述需求；从应用来说，IPM 害虫综合治理是现行植保方针，而植物源农药是其中的一个重要工具；从研究的角度来说，"植物保健与和谐植保"的关键是探讨植物本身的健康因子，而植物源农药的研发之本即为这些"健康因子"；用发展策略来看，IPP（综合性农业生产与保护）是今后的方向，而植物源农药符合该策略的主要思想。因此，植物源农药的研发、使用及其在生产过程中的综合利用研究是一项涉及国家、地区的科技进步、食品安全、社会稳定、环境友好、生态繁荣的系统工程！

5.5 从大海里提炼"农药"

导读 替代化学农药，可以有很多途径。新型生物农药"海岛素"能诱导植物体提高免疫力，防治病虫害，也不失为一种选择。

记者在海南岛见到一种神奇的"农药"，它不是农药厂生产出来的，而是从海洋甲壳类动物外壳中提取壳聚糖，再通过生物酶解工程制备而成的，专家给它起了一个响亮的名字叫"海岛素"。它的另一个神奇之处是不再像化学农药那样直接杀死病虫害，而是通过诱导植物体提高自身对外界的免疫力，从而实现作物抗病、减害和增产的目的，是一种新型植物免疫诱抗剂。

一直以来，化学农药对病虫害的防治效果显著，但出现了大量生态安全问题和农产品质量问题。21 世纪初，《自然》等杂志首先报道了植物本身存在有效的保护机制，能使植物对致病菌产生抗性，并提出了植物免疫系统的概念。

2012 年，我国《生物产业规划》把植物免疫诱抗剂作为一种新型生物农药列入重点发展领域。大量研究表明，当植物受到外界刺激或处于逆境条件时，能够通过调节自身的防卫和代谢系统产生免疫反应，植物的这种防御反应或免疫抗性反应，可以使植物延迟或减轻病害的发生和发展。近年来，依托植物—病原菌之间的免疫调节机制，科学家们发现了低聚糖素、氨基寡糖素等大量植物免疫调节物质，并研发成植物免疫诱抗剂用于作物的绿色防控体系。

"海岛素"正是根据这个思路研发出的新生物农药。从事"海岛素"研发的海南正业中农高科股份有限公司，历时 8 年，成功开发出了氨基寡糖素产业化制备工艺和质量控制技术，已经获得 50 多项发明专利，完成 2 项行业标准制定，在国内率先建成千吨级氨基寡糖素原药和制剂生产线，实现了植物免疫诱剂抗产业化的转化。

"海岛素"的作用集中表现在以下方面：①诱导农作物抗逆。在陕西苹果上的试验表明，喷施"海岛素"处理区的花序坐果率、花朵坐果率分别达到 94.26% 和 56.94%，较未喷施区分别高出约 30%。②促生长。在河南信阳、安徽等地的茶叶上使用后，春茶发芽密度增加，提高春茶产量 20% 以上。③诱导农作物抗病。在河北辛集梨树上使用后，对鸡爪病预防效果达 90% 以上。④改善品质。在江西脐橙上使用后，维生素 C 含量可提高 1%，总糖含量提高 1.5%。⑤促增产。在湖北中稻上使用后，可有效预防中稻高温不育现象，增产 10% 以上。⑥提高农产品耐贮藏性。在陕西的梨上应用后，可提高梨的贮藏期 30 多天，葡萄上应用后可延长货架期 7 天以上。

大量应用技术开发和试验示范表明，"海岛素"能够调节植物体内代谢水平，改变体内蛋白的表达和次生代谢物质的积累水平，从而具有显著的防病、防寒、促生长、增产和改善品质的作用。若与其他农药协同应用时，可减少 30% 以上化学农药的使用量，对实现农药零增长、保护农田生态环境、提高农产品质量安全和粮食安全具有重要意义。

"海岛素"的开发给人启示。防治作物病虫害，除了使用传统化学农药，还可通过激发和提高农作物本身免疫力和抵抗力来实现目标。"海岛素"的研发成功，为发展"绿色防控"技术体系，实现"防灾减损、提质增效、保障安全"目标开辟了新的途径。

5.6 合力打造无公害生姜

导读 | 2013年曝光的"毒姜"事件，曾在全国引起较大反响。如何解决这个难题？中国农业科学院农业资源与农业区划研究所（简称"中国农业科学院资源区划所"）第一党支部与青州市后史村党支部手拉手，合力打造无公害生姜，不仅有效解决了这个难题，也充分体现了党组织在科学研究和科技推广中的作用。

生姜是百姓日常生活中离不了的蔬菜。山东青州的东夏镇作为寿光的近邻，在寿光蔬菜产业发展的带动下，选择了生姜作为农民增收致富主导产业。这里的生姜远近闻名。

生姜种植初期亩产值可以达到1万元，甚至是几万元，是传统作物小麦玉米的十倍乃至几十倍，种植生姜让当地农户实现了为子女在县城买房买车的梦想。但是生姜同其他作物一样，如果连续多年种植也会存在连作障碍，大幅度减产甚至绝收。

2013年9月，中国农业科学院资源区划所第一党支部在调研时发现一户农民5亩生姜全部绝产，本来应该是郁郁葱葱的姜地，变成了一片空地。2013年姜价最好，本可以赚30万元的好事，变成了赔本5万元，县城的一套房没了，农民欲哭无泪。连作障碍成为姜农头上挥之不去的梦魇。

生姜不像其他蔬菜作物可以通过嫁接的方式解决病害。一部分有资金实力的姜农通过承包外村、外县没有种植过生姜的土地种植生姜，但不是所有的人都有资金实力，也不是所有人都能承包到土地，扛得住各种风险，大部分农民还的在一亩三分地上想办法。靠自己家的几亩地根本没办法轮作，在自然状态下，生姜在一块地上种植2~3年之后要休息6~7年才能再种植生姜。

克服生姜连作障碍的一个办法是用溴甲烷（甲基溴）对土壤进行熏蒸处理，然后就可以继续种植了。但是由于溴甲烷对臭氧层有破坏作用，被联合国列入淘汰计划。溴甲烷不让用之后，农户转而寻找替代品神农丹（涕灭威，即2013年焦点访谈曝光的"毒姜"所用的违禁农药），甚至找到了"黑药"（氯化汞），导致"毒姜"事件。

两个支部合作共建，共同解决"毒姜"

"毒姜"不仅拷问政府的监管与技术服务缺位，也拷问着社会的良心。"毒姜"产生地青州市后史村村民史明芳作为一个离土不离乡的小企业负责人，了解到"毒姜"的生产情况之后，认为得想个办法，帮助村里的老百姓解决这一问题。于是委托在北京工作的儿子，找农业专家帮着解决"毒姜"问题。史明芳的儿子小史辗转找到了中国农科院资源区划所李全新博士，李博士作为一名党员，认为这个事虽然跟自身的业务没有关系，但是事关老百姓的餐桌安全和当地老百姓的子孙后代，不是小事，有责任有义务帮助老百姓解决这个问题。于是，李博士邀请了中国农业科学院蔬菜所的张德纯老师和茆振川博士到后史村进行现场调查，通过对当地生姜种植地土壤进行取样、测试、分析，认为当地连年种植生姜，姜地土壤中的土传病害比较重，造成姜产量下降。土传病害的治理和土传病害的发生以及土壤、肥料、农药、灌溉、田间管理、品种等多个方面内容，仅靠一个领域的专家无法彻底解决，需要多领域专家协作。李博士作为一个研究区域农业发展的宏观政策专家，也不懂技术，于是在支部会上提出，能否以党支部的名义，通过与后史村党支部合作共建，组织相关的专家共同解决这个问题。支部大会经过讨论，大家一致认为有义务和责任把这件事情做好。

2013年4月2日由陈金强书记带队，中国农业科学院资源区划所第一党支部与后史村党支部签订了合作共建协议。

治"毒姜"，各路专家齐登台

签订合作协议之后，支部党员通过业务关系、个人关系等多方面关系寻找各个领域的专家帮着解决毒姜问题。中国农业科学院资源区划所其他党支部听说李全新博士在帮着解决焦点访谈曝光的"毒姜"问题，也积极行动起来，研究微生物肥料的专家把他们研制的微生物菌剂（微生物肥料）给农民使用，检测中心的同事以成本价收取检测费用，研究所的土壤专家、微生物专家、肥料专家、水专家、农业经济专家前往后史村实地调研。不仅如此，各位专家还发动相关的合作企业积极参与到"毒姜"治理中来，微生物肥料企业、有机肥企业、矿物质肥料企业，植物活力素企业等众多企业纷纷参与。

支部党员李茂松研究员还联系到了中国农业科学院植物保护研究所专门研究土壤消毒的曹坳程研究员。曹坳程研究员是联合国甲基溴替代计划专家，接到请求后，二话没说就答应了下来，自筹经费培训后史村农民使用土壤熏蒸消毒技术，给当地姜农教授先进的生姜种植技术，还把青州的姜农带到生姜种植大县安丘进行培训，并与当地农民交流。为了不耽误农时，农历腊月二十一曹老师还在后史村的党支部给农民进行培训。

解决生姜连作障碍需要水、肥、土、品种、管理等各个环节齐抓共管。为了提高生姜的抗病能力，李全新博士辗转找到了生姜专业研究机构莱芜市农业科学院，莱芜市农业科学院的领导听说为了解决"毒姜"而来，非常支持，把他们的脱毒、高产、高品质的生姜品种全部拿了出来，并按照成本价销售给后史村的生姜合作社。

为了从原理上摸清克服生姜连作障碍机制，研究所党委连续3年专门对生姜连作障碍问题给予立项支持。从2014年起在青州市后史村与后史村的金山大姜合作社联合建立了生姜实验基地，目前基地从1亩扩大到了3亩，实验的内容包括节水、栽培、肥料、土壤等各个学科。

2014年10月，潍坊市农业局在后史村实验基地召开了生姜种植区县农业局局长现场会，并召开了院地农业科技合作研讨会，在潍坊市农业系统推广已经实验成功的生姜种植技术。

2016年，中国科学院微生物所的微生物专家也进入生姜实验基地，试验他们的新产品。

为了解决生姜种植问题，2015年9月研究所专门招收了一名硕士研究生，研究生姜线虫问题。

问题导向型的农业科技创新模式

在解决"毒姜"问题的过程中，党支部发现了大量需要解决的科学命题。"毒姜"产生的原因很简单，农民为了克服生姜连作障碍使用违禁农药。但是要解决连作障碍问题需要克服一系列科学命题。生姜连作障碍既与种植制度有关系，也与灌溉方式、肥料施用、土壤生态、生姜品种等多种因素相关。解决每一个问题都可以找出一系列科学问题。为了解决这些问题，在过去 4 年中他们请来了一大批专家做了肥料试验、品种试验、土壤熏蒸试验、节水试验、微生物试验等一系列试验，找到生姜科学栽培的最佳模式。

通过实验技术集成，运用新型生姜种植技术比农民的传统模式节水 50%、减药减肥 40%，经济效益、生态效益和社会效益均显著。

以支部合作共建基地为基础、中国农业科学院资源区划所、植保所、中国科学院微生物所、莱芜农业科学院等一系列专家在后史村开展了试验示范。以党组织为纽带，组织专家为了解决一个问题开展协同创新，探索出农业科技创新的一种新模式。

为治理生姜连作障碍，在资源区划所党委的支持下，第一支部在青州市东夏镇后史村建立了生姜研究基地，主要研究土壤消毒技术、有机肥利用技术、微生物制剂利用技术以及不同的技术集成模式以消除生姜连作土壤障碍。同时，针对姜农盲目过量施用肥料，土壤养分比例严重失调，土壤养分非均衡化、次生盐渍化等问题，设计了生姜肥料减施增效技术与养分均衡化技术、有机肥替代无机肥技术、新型肥料筛选等，以期为姜农提供施肥技术和耕地保育技术指导，生姜产业得以稳定发展。

试验基地已成为周围姜农学习新技术的田间教室。基地的产出成果：生姜根结线虫化学防治技术、生姜连作土壤消毒技术、微喷技术、有机肥替代无机肥技术、中微量元素应用技术等。

诸多技术的推广应用，基本消灭了"毒姜"，现在东夏镇后史村生姜已获得"无公害农产品"称号，相关生姜质量安全、土壤质量检测中心已初步建成。

以姜为媒，中国农业科学院资源区划所第一党支部与后史村党支部开展了共建活动，中国农业科学院的党员除了努力解决"毒姜"问题外，还与后夏镇的果树合作社、养殖合作社、蔬菜合作社等农村新型经营主体建立了联系，为其生产管理提供了咨询建议和技术支持，有力地促进了当地现代农业发展，强化了优质特色农产品的生产，以及向市场提供质量安全的农产品，推进了农业供给侧改革。

通过共建，中国农业科学院资源区划所的党支部建设也得到了提高。一是增强了党员的使命感，党的凝聚力、号召力进一步加强，科研人员密切联系群众，想群众所想，科学研究更"接地气"，把论文真正写在大地上。二是提高了群众工作水平。科研单位党员深入农村，学会了和农民沟通，向农民学习，提高了组织群众发动群众的能力。4年共建，中国农业科学院资源区划所第一党支部被评为"农业部先进党支部"。

用"两双鞋"和"两行玉米"挡住病害

支部合作共建之后专家经过调查发现，管理不科学是导致生姜减产、绝收乃至导致"毒姜"产生的重要原因。传统姜农在灌溉时是采用大水漫灌、长畦灌溉的方式，井水通过土渠流至姜地，一旦灌溉水流经的土壤中含有病原菌和真菌、线虫等土传病害，病源体会随着水传播到整个姜地，整个姜地都感染病菌，导致生姜减产甚至绝收。

专家给农民开出的药方是：一是灌溉水从井里面出来之后用水袋将水与土地隔离，防止把水渠中的菌带入姜地；二是进入姜地换一双新鞋，防止将鞋子经过的地方的病菌带入自家姜地；三是在姜地周边种植两行玉米，起到阻尘的作用，防止病菌通过尘土传播。

两双鞋、两行玉米，虽然简单实用但里面的科学道理并不简单，也是专家通过研究获得的成果。简单实用的技术让农民不再减产减收，城市居民吃上放心姜。当地村民幽默地说，从传统农民到现代农民并不遥远，只隔了两双鞋和两行玉米，但需要农业科学家这个不可或缺的催化剂。

支部开展合作共建之后，各个领域的专家不断在后史村传授新技术。后史村的大学生史道明看到了创业机会，辞去了农资公司业务员的职位，自己开始创业，专门做生姜农资的销售工作。每次专家到试验地，史道明总是缠着专家问这问那，同时也模仿生姜试验基地，布置了 5 个农资新产品试验基地。

编织袋老板回归土地变身现代农民

史明芳，20 多年前从后史村走出去，跑过运输，打过工，最后创办了一个水泥编织袋厂，2012 年 "毒姜" 事件发生的时候，宏观经济不景气，编织袋的生意也不太好做。为了从农资、生产到销售各个环节发力彻底解决 "毒姜" 问题，党支部支持他成立了青州市金山大姜合作社。

4 年多来这个 20 年没下过地的小老板重新回归土地做起了农民，他从头开始学习种姜，向农民学，向专家学，向同行学，学习生姜栽培、管理、肥料施用、节水、病虫害防治、生姜存储等各种知识。作为合作社社长的他把学来的知识免费教授给农民，编织袋老板通过学习变成了生姜种植专家。后史村所在的东夏镇及其周边的农民都知道有这么个土专家，有了问题都来请教。

2015 年合作社依托生姜实验基地，申请生姜无公害标志获批。2015 年底青州金山大姜合作社的生姜在网上开始销售，传统姜农开始搭上 "互联网+" 的快车，一些对生姜品质要求高的制药企业，也开始给合作社下订单。

4 年时间在农业科技人员的帮助下从黄土地走出来的编织袋老板重新回归土地，变成了一个运用现代农业技术带领村民奔小康的新型现代农民。

通过支部共建，打破了原来规则，所有的技术免费教授给农民，还派专家定期就生姜病虫害防治、土壤消毒、生姜施肥、肥料科学知识等问题给农民培训。培训方式有课堂培训、现场参观、现场答疑等，先后培训生姜种植户6次，参与培训的姜农达到300人次，实地接受姜农咨询超过100人次。为了做好示范，专家的试验地就建在农民的姜地中间，专家怎么种、怎么管，农民可以随时参观学习。

专家们起早贪黑、风里来雨里去，不拿一分钱报酬。刚开始的时候农民以为专家是骗子，打着农业科学院的牌子要推销产品，不但农民不信任，乡政府也认为坚持不了多久。

4年过去了，农民真正学到了先进农业技术，生姜增产了，钱袋子鼓了，农民打心里佩服专家。

4年来，后史村也发生了可喜的变化。在后史村党支部的带领下，2015年后史村的村内道路通过村民集资修建了起来，村容村貌干净整洁，村里的垃圾山不见了。农民农闲时候不再去扎堆打麻将，也在村里的广场跳起了广场舞。

支部合作共建不仅给农民带来先进农业技术，更带来了先进文化，提升了农村基层党组织的凝聚力和战斗力，改善了党群关系。农业科研院所的品牌效应也一起带入了农村，农民的农产品获得了品牌效应。

5.7 秸秆抵挡沙尘暴

导读 | 治理沙尘暴有许多办法，中国农业大学的专家却用其貌不扬的作物秸秆治理沙尘暴，取得明显效果。

麦收季节，各地焚烧麦秸的事情屡屡发生，导致空气污染。记者随农业部农机化司及中国农业大学的领导和专家到河北省香河县王指挥庄村考察，看到了这里解决秸秆问题的新办法。

只见大型拖拉机牵引着免耕机在收割后的麦地里来回奔跑，免耕机前端有一排粉碎装置，能将麦秸迅速粉碎还田，中部是旋耕装置，能对土壤进行浅耕，后部是播种装置，顺便把玉米种到土里。站在田埂上观看的几位老农民喜出望外："好家伙，有了这机器，以后谁还愿意焚烧麦秸。过去烧麦秸是为了抢农时，早点种上玉米，处理麦秸工序多、太费事，只能一烧了之，顾不上那么多了。"前来参观现场会的廊坊市副市长张树藩高兴地说："这种新型免耕机把粉碎、旋耕、播种三道工序合并在一起，省工、省种 50%，还有节能、节水等特点，适合农民需要和农村特点，试验成功后全市将大力推广。"

中国农业大学保护性耕作课题组组长高焕文教授介绍说，采用这种保护性耕作技术，不仅能处理秸秆，帮农民不再焚烧秸秆，还能治理沙尘暴，减少沙尘暴的危害。

高教授说，保护性耕作产生于美国。农学家、土壤学家、农机专家共同努力，研究成功了保护性耕作法。即在作物收获后，将秸秆根茬留在地表，用来保护耕地，防止风吹、雨刷，取得了巨大成功，为治理沙尘暴带来了希望。

我国早在1992年也开始了保护性耕作的研究，中国农业大学为此专门成立了保护性耕作课题组，在国内率先系统地开展保护性耕作试验研究，探索出一套适合我国国情的保护性耕作技术体系，其中包括6种农机具，有3种已获国家专利。这套体系能在小地块、小机具、经济条件差的地区应用，使秸秆变废为宝，农民不再烧秸秆，还增加了土壤肥力，改善了生态环境。

农业部保护性精耕细作研究中心的李洪文博士说，在沙尘暴形成的诸多因素中，仅有土壤表层状况可以人为控制。沙尘暴中的沙尘除了来自沙漠、荒山外，翻耕后又没有覆盖的地表土壤是最大来源，因此，推广保护性耕作技术对防治沙尘暴有重要作用。

5.8 竹子盖房的秘密

导读 盖房子自然离不开钢筋水泥，然而，湖南大学的专家却用竹子盖房架桥，听起来匪夷所思，但实际效果真可观。如果全国广大农村，以及城市的一些建筑采用竹子代替钢筋水泥，能节省多少宝贵的钢筋水泥？又能减少多少雾霾？未来，为了减轻雾霾，用竹子等材料代替钢筋水泥，肯定是一个方向。

竹子能代替钢筋水泥盖房吗？当然能！如果到举世瞩目的上海世博会上走一遭，就会发现有两个馆已经采用了竹结构。一个是上海世博园内最小的展馆——"德中同行之家"展馆，这是一座覆膜全竹结构的二层环保建筑。另一个就是超过 4 000 平方米的印度馆，也主要采用竹结构完成。印度馆高 18 米，大型圆形穹顶单跨度达 36 米，仅穹顶和大梁就用掉 40 吨竹子。

其实，在此之前，国际竹藤组织和湖南大学土木工程学院肖岩教授课题组合作，采用肖岩教授课题组具有自主知识产权的现代竹结构建筑和胶竹专利技术，已经在世界上率先建成三座竹结构别墅。一个建在湖南大学，上下两层，建筑面积 250 平方米，占地面积 160 平方米。另两个分别建在北京紫竹院公园及湖南耒阳蔡伦竹海公园（图5-1）。

身为长江学者特聘教授的肖岩先生，现任湖南大学土木工程学院院长，同时担任美国南加州大学土木系试验室主任和工程与抗震研究中心主任，博士生导师，985科技创新平台首席科学家，国家"千人计划"

图5-1　建在北京紫竹院公园的竹房子（资料图）

学者等，先后发表论文100余篇，其中包括50余篇SCI检索论文。

拿什么材料代替传统的钢筋水泥来建房子？是肖岩多年思考的问题。木材当然好，但不可持续。于是他想到了竹子，竹子不仅是理想的建筑材料，吸收二氧化碳的能力是桉树的4倍。中国是世界上主要的竹产区，竹在中国有数千年的应用历史。竹子常绿、生长速度快、可再生，已经在诸多领域代替木材及其他高能耗原材料，被誉为"植物钢筋"。据统计，70公顷的竹林每年能够提供建造1 000栋原竹结构房屋所需竹材。但如果这些房屋采用天然木材作原料，将毁掉600公顷的原始森林。

肖岩教授说，建造竹结构房屋施工时间短，基本不受气候影响，结构构件可以现场制作也可以在工厂预制好再搬运至现场安装。建造同样一栋房屋，砖混结构毛坯房需要6~10个月时间，而竹结构房屋由8个工人在100个工作日内就顺利完成，建造速度快，工人劳动强度低。值得一提的是，竹结构房屋的得房率要比砖混结构房屋高出8%~10%。

肖岩教授说，竹结构的房屋韧性好、抗震性能好，即使在强烈地震下结构整体出现变形，也不会散架或垮塌。此外，竹材热传导速度较慢，保温隔热性优良，可以大大降低住宅能耗。

肖岩教授说，湖南大学的竹结构样板房建造成本约为每平方米950元，建在北京紫竹院公园内的竹结构别墅示范房总的建筑成本，也可以控制在每平方米1 600元。相关技术已经获得和申请了10余项国家专利。

肖岩教授不仅能拿竹子盖房，还能用竹子架桥。2007年，肖岩教授带领课题组在湖南省耒阳市导子乡上浔村建成耒阳竹桥，当年年底通车，成为世界上首座可通行载重卡车的现代竹结构桥梁。桥梁长10米，由9根竹梁组成，设计通行荷载为8吨，使用期限为20~30年。

该桥通车至今状况良好，被美国《科技新时代》杂志评为2008年度全球最佳工程创新奖，成为中国继"水立方"后又一获得该项国际奖的项目。

肖岩教授带领课题组还在湖南大学校园里建成竹材人行天桥，天桥跨度达5米，桥面宽1.5米。最近，肖岩教授课题组又在东莞万科科技园建成了40米和20米长的两座人行景观竹桥。

肖岩教授说，竹材天桥还可根据需要改变形式，如拱桥、吊桥等，并可按建造场地要求改变结构布置和细部处理，适应性较强。

经过近4年的努力，肖岩教授关于现代竹结构住宅和竹结构桥梁的体系已经建立。给我国百姓建造更多竹结构住宅，是这位归国学者的梦想。肖教授说，课题组将在国家自然科学基金重点项目资助下，完成相关技术标准的编制，并对竹结构的长期性能、综合防护性能等关键技术进行深入研究，为产业化提供科技支撑。

5.9 "空调房"巧节能

导读　冬天采暖，夏天制冷，当然要安装空调，必然要用电。如今，在外墙面涂上一种用植物成分制成的"自调温相变节能材料"，就能起到空调的作用。

冬季快来了，然而，家住北京菜户营鹏润家园 88 号楼的徐先生却不用担心今年的采暖问题。因为他家房子的外墙面涂上了一种用植物成分制成的名叫"自调温相变节能材料"，当室内温度低于一定温度时，这种材料便由液态凝结为固态，释放热量；反之，就吸收热量，使室内温度保持相对平衡，人们形象地称它为"空调房"。自从2 年前住进这个"空调房"后，徐先生每年省下的空调和采暖费接近他 1 个月的工资呢。

发明"空调房"的灵感来自生活。发明这一技术的北京秦天科技发展有限公司的科技人员发现，无论是炎热的夏天，还是寒冷的冬天，人们都要用电驱动空调，或者用煤、天然气来取暖。能不能把夏天的热量转移到冬季来取暖，把冬季的寒冷转移到夏天用于降温？最终他们从蓄能电站的原理中获得启示，于是，科技人员努力在自然界寻找各种符合这种特性的物质。经过成千上万次科学实验，终于研制成功了新型"自调温相变节能材料"。经过与北京理工大学、第四军医大学等联合攻关，他们研制开发成功一系列原创性高科技产品，并通过建设部等相关部门的科技成果鉴定和评估，被专家们评价为"开创了国内墙体相变保温的先河，是对当今传统保温材料只具有单一热阻性能的重大技术突破"。

5.10 沼气治理畜禽粪便

导读 据粗略统计，全国农村有 2 亿多处简陋的农家旱厕，养殖业每年产生 20 多亿吨畜禽粪便，既影响农民的生活质量，也容易导致疾病、疫病的发生和传播。从 2000 年起，农业部启动了"生态家园富民计划"，在全国 20 多个省、直辖市、自治区的 1 000 多个村进行试点，一场以沼气技术推广利用为核心、以增加农民收入改善农村居住环境为目标的"厕所革命"正在全国农村悄然兴起，并以见效快、实用方便、易学易懂等诸多特点深受广大农民朋友的欢迎，成为一项名副其实的"民心工程"。

沼气技术引发农村"厕所革命"

2000 年，农业部在全国农村推出"生态家园富民计划"，河北临漳县成为全国的试点。记者在北孔村农民谷学社的家里看到，他家共饲养了 2 头猪和 10 多只兔子，猪和兔子的粪便被冲入沼气池，已经几乎闻不到什么异味，苍蝇也少了许多，整个庭院显得干净整洁。谷学社说，家里还承包了 3 亩桃园，从不使用化肥，全部用沼渣和沼液作肥料，种出的桃子不仅个大、色泽鲜艳，还特别甜，价格也比普通桃子卖得高。谷学社算了一笔账，建一个沼气池政府给补贴价值千元的建池材料，每年节省燃煤开支1 200元，节省肥料开支200元，节省照明开支400元，再加上养猪和兔子的收入500元，每年可增收2 300元呢！

在临漳县的带动下，邯郸市把"生态家园富民计划"作为农民增收的核心来抓，因地制宜，分类指导，使该项计划出现了快速发展的喜人局面。目前，该市已有生态家园富民示范村270个，示范户近9万户，可为农民年均直接增收1.7亿元。

邯郸市还坚持典型示范和科学管理并重的原则，依靠效益引导，增强农民建设生态家园的积极性和主动性。全市现有获得农业部沼气生产专业上岗证的技工1 000多人，经市、县培训的技术员4 000多人，拥有技术服务队500多个。对沼气建设进行统一设计和施工，建立农户工程建设档案，一户一卡，存入电脑，从而确保了沼气建设的成功率，让农民真正用得放心，有力地推动了全市"生态家园富民计划"的顺利进行。在许多地方，通过实施"生态家园富民计划"，形成了"肥猪池上养，鸡兔笼中喂，地上果菜鲜，葡萄空中挂，做饭不用煤，生活小康化"的立体生态种养格局。时任市委书记的张力在有关报告上兴奋地批示："生态家园富民计划"是经济与社会、人口、资源与环境协调发展的好项目，是农村物质文明和精神文明建设有机结合的一个切入点，它不仅会实现农民增收这个"三农"问题的核心目标，而且将会对农民千百年来的生活方式进行彻底改造，衍生出新的生活方式，培育出先进的、具有时代特色的农村文明。

沼气推动污水治理

沼气技术在治理污水方面也大有用武之地。地处沿海地区的浙江省从本地实际出发，针对该省经济较发达，但环境污染问题比较突出这个现实，将沼气技术成功地用于村镇养殖场及农村生活污水的处理，取得了明显的成效。

临安市正兴牧业公司位于向杭州供水的青山湖水库上游，地理位置十分敏感。过去，该公司在生产过程中要排放大量猪粪等有机废弃物，附近的水系和稻田不仅受到污染，周围农民的生活环境也受到破坏，农民意见很大。公司为此每年都要派出专人，实地核对农民受损失情况，并做出相应赔偿。浙江省农村能源办公室在得知这一情况后，组织专家对该公司进行了绿色生态项目设计和施工，投资150万元，建成了污水处理工程，通过沼气技术处理废弃有机物，使排放出的废水完全达到国家标准；产生的沼气用来为职工食堂做饭、加工乳制品等；沼渣制成有机肥料，销往省内外；沼液则免费提供给附近的农户，用于种植饲草，然后再回收，形成了一个绿色的生态循环。

萧山肉联加工有限公司为了保护鉴湖水系，让绍兴黄酒有一个干净的水源，在开始建设的过程中就同步建设了污水沼气处理工程。公司开业的当天，污水处理设施也同时运行，污水处理后基本实现零排放。

到2003年年底，浙江全省已建成大中型沼气工程195处，年处理畜禽废弃物280万吨，年产沼气522万立方米，走出了一条畜禽养殖场污染治理"减量化、无害化、资源化"综合利用的新路子，给全国做出了榜样。

5.11 用大豆强健学生身体

导读 我国是大豆的故乡，但对大豆的加工和利用还远远不够。国家大豆行动计划选择农村中学生为对象，课间为学生们加一杯豆奶，产生了明显的效果。如今，实施乡村振兴战略，大豆仍然大有可为。

各式各样的巧克力、膨化食品、油炸食品成为孩们的主打零食。当家长们舍得花钱为孩子们购买这些食品时，专家们发出了这样的呼吁：请给孩子们一杯豆奶吧！

在 5 月 20 日学生营养日的前夕，笔者走访了国家食物与营养咨询委员会的专家，副主任蒋建平研究员说，为了满足广大农村和欠发达地区少年儿童对改善营养和增强体质的需求，1996 年 3 月国务院领导同志批准了专家们建议的国家大豆行动计划，在农业部、卫生部、教育部和国家轻工局的组织领导下，这一计划实施近 2 年来，已取得了明显效果，目前正在由试点学校向周围学校扩大，由试点县向全国扩大，由豆奶向豆制品多样化扩大，由单机生产向工业化生产扩大。蒋建平介绍说，据 1992 年第三次全国营养调查表明，农村 6~12 岁男生人均每天摄入蛋白质 58 克，比城市同龄男生少 13.5 克，仅相当于供给量标准的 88.3%；来自豆类和动物性食物的优质蛋白质比重仅 18.5%，比城市同龄男生少 21%。由于农村儿营养欠佳，其身高、体重均低于城市儿童。以农村 12 岁儿童为例，身高为 140.4 厘米，比城市同龄儿童低 5.7 厘米。这种状况如不及时加以扭转，将直接影响农业现代化的进程和农村跨世纪建设人才的成长和中华民族素质的提高。这一问题引起了专家们的关注和思考。中国农业科学院梅方权教授意味深长地说：日本在第二次世界大战结束后当中小学生还在临时搭起的帐篷中上课时，就开始实行营养配餐。现在日本中小学生的平均智力水平已赶上美国，这为日本经济的腾飞打下了坚实的基础。我国人多地少，正处于经济发展时期，不可能照抄照搬发达国家的膳食营养模式，而应该树立豆类蛋白质与动物蛋白质开发并举、重点挖掘大豆蛋白质资源的观点，特别是在广大农村，要通过这条途径弥补居民摄入优质蛋白质的不足。

1995 年 4 月，专家们向国务院正式提出了实施大豆行动计划的建议，得到主管领导的批准后成立了国家大豆行动计划领导小组，全面启动这项计划，以便充分挖掘我国大豆资源与开发潜力，面向广大农村居民，尤其是贫困地区儿童与青少年，提供优质大豆加工制品，改变目前蛋白质、热量营养不良的状况，增强儿童与青少年体质，为 21 世纪实现农业现代化培养高素质人才打下坚实基础。

作为大豆行动计划的第一步，现已在 11 个省、12 个县（市）的 24 所中小学校开展试点工作。每个学校参试学生达 300~500 人，通过提供小型现代豆奶机，加工制作营养较丰富、较受学生欢迎的豆奶来启动该计划，给每个参试学生在课间饮一杯新鲜豆奶，同时还提倡因地制宜发展规模化、现代化大豆加工制品的工业生产，以满足孩子们对优质蛋白质的需求。

试点近 2 年来，参试学生身体素质有所提高，患病率也有所减少，普遍受到师生和广大家长的欢迎。山东省高青县 1996 年 12 月发生流行性感冒，饮用豆奶的试验班患感冒人数仅为 3 个，而未饮用豆奶的对照班感冒人数多达 20 余人。山西省定襄县试验班班主任反映，学生在饮用豆奶后，第三、第四节课精力比以前充沛了。北京市怀柔区参试学生普遍感觉第四节课饥饿感消失了，四川省江油市华丰中学选用豆奶和复合营养素后，试验组男生的贫血率下降 13%，而对照组只降低 0.44%。河南省平顶山市鲁山职业中专的学生饮用豆奶后，促进了运动会成绩的提高。一位参试学生在日记中写道：过去常感到上课时犯困，身体乏力，自从喝了豆奶后，就觉得身体有劲了，记忆力也比以前增强了，我开始对自己的学习有信心了！学生家长普遍认为，学生在学校用早餐，不但给家里省事，也安全可靠，解除了家长的后顾之忧。

在试点学校的示范带动下，大豆行动计划已开始全面推广，饮用人数不断增加，要求参试的学校和学生家长越来越多。云南省成立了领导小组，选定 3 个县，开始实施本省的大豆行动计划。四川省江油市永胜一小参试学生由 300 多人扩大到全校 800 多人全部饮用。北京市怀柔二小饮用人数也扩大到 1 030 人。山东省高青县、陕西省白河县等纷纷扩大试点学校数量，有的已全面实施，产生了较大反响。

作为大豆行动计划的第二步，就是扩大推广各试点县（市）的经验，像云南省那样实施各省、各地区的大豆行动计划，同时按产加销一体化、产业化的要求，选择若干个不同类型的大豆生产基地和豆制品企业，努力探索推动我国现代化大豆产业发展的道路与途径，加速我国大豆产业的振兴。这是改善 13 亿人民营养、提高全民族素质的客观需要，也是解决蛋白质饲料紧缺、保证我国养殖业持续发展的重要措施。国家大豆行动计划办公室主任蒋建平表示，中国是大豆的故乡，相信经过不懈努力，琳琅满目的大豆加工制品将会更加广泛地进入千家万户。

5.12 积极发展休闲农业

导读 休闲农业是贯穿农村一、二、三产业，融合生产、生活和生态功能，紧密联结农业、农产品加工业、服务业的新型农业产业形态和新型消费业态，值得大力发展。

滕头村是浙江奉化一个仅 2 平方千米、340 多户人家的小村庄，近年来凭借发展休闲农业，从当初的"田不平，路不平，亩产只有二百零"的穷村，发展成总产值达 47.5 亿元、人均纯收入 2.8 万元、接待游客 153 万人次、门票收入 3 600 万元、旅游经济综合收入 1.6 亿元的小康村。在上海世博会上，滕头村入选"全球唯一乡村案例"，唱响了"乡村让城市更向往"的主题，被前来参观的世界各地游客称为"城市化的现代乡村、梦想中的宜居家园"。

今天，全国约有 8.5 万多个村庄像滕头村那样积极发展休闲农业，经营户超过 170 万家，其中农家乐 150 万家，规模以上休闲农业园区超过 1.8 万家，年接待游客 7.2 亿人次，年营业收入 2 160 亿元。休闲农业，正成为名副其实的朝阳产业。

休闲农业是利用农业景观资源和农业生产条件，发展观光、休闲、旅游的一种新型的交叉型产业，它是贯穿农村一、二、三产业，融合生产、生活和生态功能，紧密连接农业、农产品加工业、服务业的新型农业产业形态和新型消费业态。休闲农业兴起于 19 世纪 30 年代，当时由于城市化进程加快，人口急剧增加，为了缓解都市生活的压力，人们渴望到农村享受暂时的悠闲与宁静。于是生态休闲农业率先在意大利、奥地利等国家兴起，随后迅速在欧美国家发展起来。

世界休闲组织原秘书长杰拉德·凯尼恩说，休闲是人类生存的一种良好状态，是 21 世纪人们生活的一个重要特征。据预测，到 2015 年前后，随着知识经济和新技术的迅猛发展，人类将有 50% 的时间用于休闲。时下，我国人均国内生产总值已超过 9 000 美元，城乡居民对休闲消费需求持续高涨。大力发展集农业生产、农业观光、休闲度假、参与体验于一体的休闲农业，对适应我国旅游消费转型升级、培育新型消费业态、推进生态文明建设、提高居民幸福指数具有重要意义。

与此同时，发展休闲农业，能使农民的农业生产收入与经营收入相叠加，在农民传统增收途径外开拓新渠道；能使农民的就业收入与创业收入相叠加，提高资产性收入和资本性收入在农民收入中的比重；能使季节性收入和长年性收入相叠加，保障农民收入"四季不断"。

5.13 乡村振兴离不开手机

导读 如今随着移动互联网技术的快速发展和智能手机在农村的普及，村民上网不再是什么新鲜事。互联网已经填平了城乡的数字鸿沟，村民的手机里也有商机。

春节回乡下过年，村里搭起舞台，唱起秦腔戏，谁料看戏的人寥寥无几。回想起 30 多年前，哪个村要是在春节前唱起秦腔戏，附近十里八村的乡亲们都会赶过来，晚来的只能自带凳子站在上面看，那热闹场景真是壮观！

笔者很好奇，村民为什么不爱看戏了？找了几个邻居问了问才知道，年轻人出去打工，剩下的村民嫌天气太冷，都坐在家里的热炕上看手机，手机上啥都有，想看啥看啥，谁还愿意过来挨冻。仔细观察，还真是！村民们个个手机不离手，一边走路一边看，家庭主妇做饭也不忘把手机放在灶台上。饭菜上桌，也有人拍照发朋友圈。

如果说在基础设施和交通等方面，城乡之间还有一定的差距，在信息方面，互联网却已经填平了城乡的数字鸿沟。记得几年前，笔者主持的一项农业部软科学课题，曾对我国农村自发性上网农户接受网络信息传播的效果进行分析研究，问卷统计结果显示，有37.8% 的农户认为没有必要学习上网技术。可如今，随着移动互联网技术的快速发展和智能手机在农村的普及，村民上网不再是什么新鲜事。

村民们在手机里聊天看戏，企业却在村民的手机里找到了商机。手机能为闭塞山区农产品外销打开新渠道。陕西安塞，千山重叠，产出了世界上独一无二的山地苹果，口味极佳，过去因为交通闭塞，苹果销售一直困扰着村民。前年12月，安塞县政府与网库集团共同打造了中国苹果电子商务平台，安塞的果农、合作社及果品企业积极踊跃加入平台，扩大销售。苹果在短时间内一销而空，百姓的腰包随之鼓了起来。

手机还能为农产品质量保证搭建新平台。山西阳城县赵庄专业土蜂养殖基地负责人李春社，2016年与网库"蜂蜜小哥"建立联系，把蜂蜜卖到了网上。为了将蜂蜜的品质更好呈现给消费者，还玩起了手机直播，现场对养蜂环境、浓度测试等进行展示。各种农产品究竟是否"绿色""有机""无公害"，都有了实时监测与大数据支撑。

手机还能为农民学习技术、营销等新知识送去新教室。农一网通过微信群进行了多次农业技术培训活动，每次在线参与人数超过2万人。3月3日，农一网还将与中国农业技术推广协会联合举行首届中国农资电商春耕节活动，预计在春耕节当日，销售额将突破亿元。

当"农村空心化"已经成为全面小康路上一道绕不过去的难题，把这个"空心"重新填实，靠"抓壮丁"肯定行不通，靠"讲道理"说破嘴皮子也没戏，还得靠培育新产业，创造新岗位，让农民甚至城里人愿意从城里返回农村创业。

村庄集中了农村70%的人流和物流，仍是一个不可忽视的大市场。移动互联网技术解决了制约农村几十年的信息不畅的短板，有效改变了农民的生产生活方式，同时也降低了企业的经营成本。搭上移动互联网这趟快车，让农产品"洋"起来、农民富起来，也为破解"农村空心化"提供了一个很好的选项。

5.14 "看庄稼"也挣钱

导读 从事农业生产，绝不可以让传统的思维限制了人们的想象力。传统的农业生产，要把成熟的庄稼收获后到拿到市场上销售才能实现挣钱的目标。如今，还没有成熟的庄稼也能挣钱，是不是有些不可思议？

种庄稼挣钱，指的是把庄稼收获后到市场上能变现。然而，笔者不久前到京郊采访，发现生长在地里还没成熟的庄稼也照样挣钱：城里人周末驾车来看看这些庄稼，再进农家院品尝一下农家菜，既满足了休闲的需要，也增加了农民朋友的收入，真可谓一举两得。

这种颇有创意的做法叫北京农田观光季，是在北京市农委、农业局等部门大力支持下，由北京市农业技术推广站自 2011 年开始探索试行的。在不破坏农田乡野面貌、投入不多的情况下，改善和提升了农田的景观，把普通农田装扮得像花园一样美丽迷人。

农业是一个古老的传统产业，已经有 1 万年甚至更长的历史了。随着工业化和城市化的迅猛发展，农业在 GDP 中的比重越来越小，除了食品安全外，人们对农业的印象无外乎"种（植）、养（殖）、加（工）"，农业既不能快速创造财富，又不能解决人们的住房等现实困难，就连农村的年轻人都纷纷选择进城打工，农业离我们的生活似乎越来越远。

　　然而，细究起来，农业的功能远不止"种、养、加"。农业在提供粮食、蔬菜、肉类等生活必需品的同时，还为人类提供一刻也离不开的氧气，正是农作物等绿色植物把人类工业生产及日常生活中排放出的二氧化碳吸收转化。试想，如果没有农作物等绿色植物，地球上二氧化碳和氧气的比例将失去平衡，人类和一切生命将面临巨大灾难。农作物还能为人类提供可以持续利用的生物质能源，吸收太阳辐射，保持地表温度和湿度，维护地球的生态环境等等。充分挖掘农业的生态旅游功能，就能让这个传统产业焕发出新的活力，成为新的经济增长点。

　　据说，北京农田观光季有望实现 1.5 亿多元的收入，已成为农业转型升级的成功样本。看来，只要肯下功夫，办法总比困难多。像农业那样的传统产业尚且能老树发新芽，那么，其他产业也应当能找出转型升级的抓手和突破口。如果各个产业都能深挖转型潜力，我们就有望成功打造中国经济升级版。

参考文献

［1］中国社会科学院研究生院，中国科学院研究生院. 论现代自然科学和社会科学的结合［M］. 长沙：湖南人民出版社，1986.

［2］人民日报总编室. 人民日报历届全国好新闻获奖作品集［M］. 北京：中国新闻出版社，1988.

［3］蒋建科. 论农业本质［M］. 北京：中国农业出版社，2007.

［4］蒋建科. 农业新闻学［M］. 北京：中国农业出版社，2003.

［5］蒋建科，刘宁，谭英，范建. 媒体传播与新农村建设［M］. 北京：知识产权出版社，2006.

［6］蒋建科. 超视距新闻传播［M］. 北京：知识产权出版社，2017.

后　记

在本书出版之际，首先向中国科学技术出版社吕建华总编辑、杨虚杰副总编辑、张金副总编辑和三农编辑部主任乌日娜表示衷心感谢！是他们根据党的十九大报告中关于颠覆性技术的论述精心策划了本书，并多次给予指导和帮助。

特别要感谢人民日报社领导和同事们的大力支持和帮助，33 年来，领导和同事们都会将采访农业科技的机会提供给我，并精心修改每一篇稿件。

同时还要感谢我的母校西北农林科技大学的老师和同学，是夏鲁平、陶乔萍，以及李佩成、孙益知、张绍华、牛宏泰等老师引导我走上了新闻道路。

更要感谢 33 年来接受我采访的科学家、一线科技人员以及广大农民朋友，他们的智慧和创新成果激励着我去深入采访和报道。

今天的颠覆性农业科技将成为明天的实用科技，这是科技进步的必然规律。本书收进的只是部分颠覆性农业科技成果，在本书出版的同时，还有许多颠覆性农业科技成果在酝酿中。待再版时予以补充。

由于本人学识和水平有限，书中难免有不当之处，敬请广大读者批评指正。

蒋建科

2019 年 1 月 28 日于北京金台园